内容智能

打赢每一场运营战争

[美] Colleen Jones 著

万学凡 祁 凡 译

The Content Advantage
(Clout 2.0)

電子工業出版社
Publishing House of Electronics Industry
北京•BEIJING

内 容 简 介

本书阐述了在“内容为王”的互联网时代，公司或个人如何通过有效内容在数字化业务上取得成功。本书用简练的文字与生动翔实的案例向读者揭示了以下问题的答案：怎样提供有效且有影响力的内容；如何构建内容策略和战术；如何推动内容智能化，并让内容运营迈向更高层级；内容的未来会是什么样的。作者 Colleen Jones 拥有极为丰富的从业经历，作为内容专家、企业家和电影《星球大战》的粉丝，她在书中的旁征博引和独到见解本身就是极有价值的内容。

本书适用于数字化运营中内容的生产者、管理者和经营者，还适用于组织的管理者及所有数字化转型中的实践者。

版权贸易合同登记号　图字：01-2018-8242

图书在版编目（CIP）数据

内容智能：打赢每一场运营战争 /（美）科琳·琼斯（Colleen Jones）著；万学凡，祁凡译.
—北京：电子工业出版社，2021.1
书名原文：The Content Advantage(Clout 2.0)
ISBN 978-7-121-38281-9

Ⅰ. ①内… Ⅱ. ①科… ②万… ③祁… Ⅲ. ①互联网络—内容—建设—研究 Ⅳ. ① TP393.4

中国版本图书馆 CIP 数据核字（2020）第 029617 号

责任编辑：张春雨
印　　刷：天津千鹤文化传播有限公司
装　　订：天津千鹤文化传播有限公司
出版发行：电子工业出版社
　　　　　北京市海淀区万寿路 173 信箱　邮编：100036
开　　本：720 × 1000　1/16　印张：13.75　字数：253 千字
版　　次：2021 年 1 月第 1 版（原书第 2 版）
印　　次：2021 年 1 月第 1 次印刷
定　　价：79.00 元

凡所购买电子工业出版社图书有缺损问题，请向购买书店调换。若书店售缺，请与本社发行部联系，联系及邮购电话：（010）88254888，88258888。
质量投诉请发邮件至 zlts@phei.com.cn，盗版侵权举报请发邮件至 dbqq@phei.com.cn。
本书咨询联系方式：010-51260888-819，faq@phei.com.cn。

感谢 Chris 不断鼓励我思考，让我变得更好

感谢父母的全力支持

纪念我的好兄弟 Parker，那个爱开玩笑的人

推荐序一

我在本书译者的推荐下读了本书，在读的过程中不免要去思考和对比当下的中国市场。总体来说，作者描述了一个内容上的“慢”战略。颇有感触的是，她还对比了商业刊物里的各种“定位大师”，以及电梯里的广告屏幕上一遍又一遍重复播放的“洗脑”金句。

我之前并不了解本书作者Colleen Jones，但却是MailChimp的长期用户。我从作者的描述中逐渐明白了，为什么这家起源于提供电子邮件推送服务的企业，能够在数字化时代持续演进，规模不大却推动着这个领域的向前发展。内容上的战略定位成就了这家企业的核心竞争力，而作者在此期间的经历和思考更是值得数字化时代下的企业去学习。

过去几年在数字化运营领域里，让人印象最深的就是关于渠道和内容的争论，曾经很多互联网服务平台的成功可以当作渠道为王战略的代表性案例，在内容同质性很高的时候，谁拥有更好的用户触达渠道，谁就更有可能成功。按照这样的逻辑，抢占渠道的“快”战略应运而生了，海量投放和补贴用户成了互联网企业必备的运营手段，其烧钱速度也快得让人咋舌。在这样的战略下，其实很难产生真正的内容运营，更不可能像本书中提到的围绕内容去构建战略和战术了，而网络上“爬”内容转载可能就是所谓的内容运营。当然，钱不可能一直烧，用户不可能一直得到补贴，最终的运营还是要回到内容上来。不管是当年的BBS，还是现在的微信公众号，真正存活下来的企业都是把内容作为慢工细活来持续运营的。

不幸的是，中国的很多企业仍痴迷于内容上的“快消”，寄希望于制造出某些内容爆点，从而吸引用户的眼球。很多决策者甚至觉得花钱买粉丝是产品的核心投资，结果往往买来的是一堆犹如鸡肋的“僵尸粉”，很少有企业能认真计算内容投资所产生的商业价值。和本书观点一样，其实不是人们的注意力被碎片化了，而是时下大部分内容如快消品一样，只值得用户花几分钟时间去关注。这和真正从用户的视角出发，去提炼和浓缩内容相比，是完全不一样的出发点。所以当很多企业抱怨当下的用户没有忠诚度时，请首先自检一下自身在内容上的投入程度。

随着科技的不断发展，新渠道当然还会层出不穷，比如5G可能会让VR真正走进我们的日常生活，真正颠覆“低头族”现在的生活方式。而且，一家独大的渠道垄断也变得越来越不可能，取而代之的是针对用户量体裁衣式的内容比拼。这样的竞争如同作者描述的那样，将随着智能技术的发展而变得日益激烈。过去人们对于“千人千面”的幻想，实际上正随着大数据和人工智能技术的发展，逐步变成现实。

不可否认的是，现代数字化企业的战略执行越来越高效；从内容投放到用户反馈收集，这一闭环的形成越来越敏捷；而且，以迭代的思路去调整内容战略，也将成为可能。但正如书中的“扑克牌”比喻一样，这并不代表着我们在内容战略上的制定速度加快了，反而可能是在最后做决策的速度上变慢了。在多变的数字化世界里，押宝式的战略决策的成功概率几乎为零，取而代之的是企业能够保持开放并不断研究用户反馈，以及对持续调整战略方向的长期专注。只有这样的专注才可能达到作者在本书最后提出的“内容天才”的要求，即内容智能化和优质决策驱动下的内容制胜！

最后，希望各位读者跟我一样，找一个相对闲暇的时间，清空思绪，慢一点去理解作者在本书中描述的经历和实践。

肖然

ThoughtWorks创新总监，精益敏捷专家

推荐序二

作为一个有着10年媒体、市场与公共关系实战经验的从业者，我简直想为本书的书名《内容智能：打赢每一场运营战争》击节赞叹，书名道出了我们这些致力于打磨内容的市场人的心声和终极梦想。在这个信息爆炸、渠道多样的时代，有深度并被精准妥投的内容，有着万筠之力。

这本书值得推荐给所有从业者和战略制定者。这是一本非常实用且全面的内容生命周期指南，能让人在内容打造的各个层面受益匪浅。本书为我们揭示了，打造有价值的内容需要一个科学、严谨且艰辛的过程，需要从“战略”到“执行”层层推进。不要一提内容，就幻想会有什么灵光乍现、随机出现的金点子让人脱颖而出。现在社交媒体上每一个“爆款”、每一个“网红”，都是内容创作者在其虔诚的态度下精准分析市场和用户之后的产物。对企业而言，更是如此，想靠扎实的内容产生持久的影响力，必然需要聪明地打造内容的生产和推送体系。

基于我个人在传播领域的多年观察，社交媒体兴起伊始，“自媒体们”风起云涌，让我这个曾经在杂志社苦苦写稿的人都惊叹：各种海量内容居然可以这么轻松地呈现在特定的读者面前。想想传统媒体中有关内容生成的一系列流程：首先，记者要根据行业热点与经验提报选题，然后富有经验的编辑审定选题，随后记者再对选题进行采访、归纳、整理、编辑、梳理等，这样耗时费力的内容生成流程如何能够在求快求新的移动互联网时代立足？我和很多人曾一度怀疑甚至相信传统媒体会就此被替代。

时间给了我们答案。在2020年4月致力于新媒体研究的“新榜”发布的《中国微信500强月报》中，“新榜指数”排名前三位的公众号是“杭州交通918”“央视财经”和“中国经济网”。传统媒体并没有被替代，它们在转换阵地后依然是引领流量的KOL（关键意见领袖，Key Opinion Leader）。所谓“新媒体”，被很多人理解为所有人对所有人的媒介，而在新媒体行业里成规模的平台往往也会引入“传统”的内容生成和管理流程，“选题制”依然是媒体行业通行的内容生成方式。由于移动互联网和数字化技术的快速发展，它们在内容呈现形式和传播渠道上为传统媒体带来了更多方式。但久经考验的平台和直指人心的内容，依然需要媒体人去精心打磨，也需要极为合理的内容生产流程。

在数字化时代，企业作为产业内容的重要贡献者，同样在内容方面经历了因种种变革而带来的冲击。在社交媒体兴起之初，各企业的市场部门纷纷在微博、微信平台创建账号。但在最初，更多的市场资源还是被配置在了研讨会、行业展会及媒体广告等传统领域，社交媒体往往只是用于填充版图的小角色，只会发布一些关于企业或产品的新闻快读版本。随着新媒体发展浪潮的到来，不少企业特别是消费品企业，迅速将自己的社交媒体平台打造成具有独特个性的内容发布平台，重塑了品牌魅力，也吸引了众多忠实粉丝，并切切实实地实现了从流量到销量的转化。这方面的经典案例相当之多，此处不做过多介绍。

“流量转化”让各行业的头部企业纷纷下场，开始重新整合资源去开发带有自身特色的内容。它们从行业内容的跟随者和贡献者渐渐变成了引领者，甚至有些大企业会整合各业务部门乃至管理层的个人社交媒体资源，旨在从战略层面打造内容发布矩阵，让企业形象更加丰满、更富吸引力。犹记得大概在2013年，一家世界500强企业的中国区负责人在个人微博上率先公布了关于企业并购的消息，当时给从业者带来了一波不小的冲击，而现在这样的事例已经不胜枚举了。

随着技术的进步，现在有颗粒度且更加细致化的内容可以实现精准推送和追踪。从某些层面上可以说，数字化的发展将赋予内容更多使命，内容可以将品牌价值更好地植入人心。对内容的追踪与梳理又可以让企业更加深入地了解市场和消费者，技术手段赋予了内容在影响力之外的价值。

在这个数字化时代，内容所带来的红利可能有摧枯拉朽之势，可能比你想象的还要猛烈。你，准备好了吗?

康科

ThoughtWorks中国区市场负责人

推荐序三

拜科技发展和新媒体兴起所赐，当下的信息对于我们每个人都已变得唾手可得。当我们在行进中或等待中，甚至在躺着的时候，每个人都会以某种不易觉察的表情，目不转睛地盯着手中那块或大或小的手机屏幕。这让我们逐渐意识到，在这块屏幕的背后，内容——这个在过去一直显得抽象而空洞的名词，如今已经发展成为一个新的产业，并成为很多人赖以为生的职业。

这是内容消费必然存在的原因。一如曾经的大众消费，很多人仅仅依靠宽敞的房间、精美的食物这些符号化的消费经历来获取社会阶层的认可。广告和门户网站在此期间也起了推波助澜的作用。而在物质和科技逐渐消融了语言、国界和文化之间的藩篱后，人们从单调而一致的符号化消费中转移了出来，这就让内容消费成为其中一个新趋势——每个人都要表达自我，并寻求与他人的连接，进而证明自己的存在。

每个人都可以成为内容的创作者，这已经是毋庸置疑的事实。然而发现者却容易忽略内容属性。当合适的内容想寻求到达最合适的“群落生境”之处时，发现者对目标受众的理解和了解就成了关键因素。而这个属性构成了所谓“连接”的闭环。这就是关于内容策划、生产和运营的基本形态。

在内容从自媒体转向企业后，我们会发现场域并未变得有多大的不同。企业同样需要依靠内容去获取潜在客户的信任，并就问题和方案达成一致理解，最终产生购买行为。在这里，内容运营者需要理解组织、产品及客户，并在内容品质的传递上，彰显其诚意和能力。

这会是一整套行之有效的方案，一个自洽并不断演进的内容生态系统涵盖着内容的方方面面，并成为企业，尤其是在数字化转型下一个强有力的关于终端的触角和支撑。在这里，内容成为企业制胜的法宝之一。

所幸，我们有了这样一本书。

张凯峰

ThoughtWorks洞见主编、首席咨询师

译者序

随着信息技术的飞速发展，“数字化”是时下最热门的话题之一，它席卷了所有国家和所有行业的“新常态”，正以前所未有的速度改变着我们身边的一切，当然也变革着商业模式。组织应当如何完成数字化转型呢？如何使组织在数字化的浪潮中得以生存和发展呢？随着数字化成为必然，我们又将面临怎样的内容选择呢？

本书以“内容”为切入点，对于以上问题做出了精准而细致的解答。作者Colleen Jones是MailChimp的内容主管，同时也是内容科学（Content Science）公司的创始人，Colleen被评为内容营销领域最具影响力的50位女性之一，以及最具影响力的50位内容策略专家之一。Colleen Jones为数百家世界领先的组织提供过咨询服务，她从中获取的丰富经验及最新示例在本书中得以全面展现：内容的重要性及必要性、制定内容愿景、构建内容策略及建立内容智能化系统、成熟的内容运营，以及内容的未来展望。

数字化转型是组织能更好地为客户提供价值而进行变革的基础。在这个以客户满意为主导的数字化商业时代，许多组织都在寻找方法，将创新性理念转化为客户体验的提升和业务的快速发展，以应对充满不确定性的经济新变化。如何才能更好地为客户服务呢？组织需要认真思考一个问题：如何对待内容。

组织在与客户的交互过程中，从网站到个人助理，从打印服务到动感单车，在包括智能手机和穿戴设备在内的众多触点中，客户对内容的个性化需求日益增加。而组织需要做的就是不断地通过有效的内容吸引新的客户，试图将他们转化为消费者，并留住他们。这使得内容成为数字化时代至关重要的一环。

在多年的管理和咨询过程中，我们深切认识到内容的重要性，并希望能推动成熟的内容运营向前迈进，使得内容的输出得到更高的价值反馈。但是我们经常遗憾地看到，很多组织低估了内容的重要性，没有将足够的精力和支出用于内容，或者因为不得其法，使内容运营偏离了正确的方向，最终与成功渐行渐远。

通过对本书的翻译，我们收获颇丰。当我们第一次翻开这本书时，立刻被其中的文字所吸引。作者不仅把对内容的诠释引入了新的维度，更为难得的是，她深入浅出地介绍了在数字化时代一个组织如何从零基础开始去逐步构建内容愿景，并推动更高层级的内容运营，最终获得成功的方法。书中的独到见解、生动引用及大量示例让我们深受启发，将我们对内容的关注和思考引向更深层次。

本书不仅适用于内容的生产者、管理者和经营者，还适用于组织的管理者，以及所有身在数字化转型中的实践者。本书并不是保证你在数字化时代立于不败之地的“银弹”，但它作为极具价值的内容参考指南，会让与内容有关的各类群体大为受益。

感谢我们的家人，本书的翻译工作占用了我们大量的业余时间，对此她们给予了极大的理解与支持。更为可贵的是，在本书的翻译过程中她们提供了很多专业的意见和建议。没有她们的支持，我们是很难顺利完成本书的翻译工作的。

感谢负责本书审校工作的电子工业出版社的编辑们，他们逐字逐句的检查、校对和修改，提高了译文的质量。谢谢他们！

万学凡、祁凡

致谢

一本书的出版绝不是一个人努力的结果。本书的第二版也是一样，它是由一个优秀的团队完成的。

Nancy Davis热情地发起了本书第二版的编写工作。非常感谢Laura Norman和Robyn Thomas领导的New Riders（新骑士）团队， 他们积极响应，乐于改变，保证了本书的如期出版。

我要感谢我了不起的丈夫 Chris Jones，感谢他在适当的时候给予我的鼓励，感谢他在这本书延期出版时对我保持耐心。还有我的父母Jan和Pete，以及我的公公婆婆Vivian 和 David，感谢他们给予我的全力支持。

感谢那些我有幸通过培训、咨询及调研所结识的内容专业人士，感谢他们分享的观点。在这本书中，你将从这些观点中受益良多。

审稿人

我很感激这些才华横溢的思想者和经验丰富的领导者，他们从百忙之中抽出时间，在我撰写本书的过程中给予了建设性的反馈。[①]

- Andrea Sutton，AT&T（美国电话电报公司）设计技术副总裁
- Jerele D. Neeld，戴尔 EMC 全球化和信息设计副总裁
- Scott Rosenberg，Visa 全球市场运营和治理高级总监
- Kate Kiefer Lee，MailChimp 传媒高级总监
- Jonathon Colman，脸书内容策略经理
- Jennifer Hofer，谷歌内容策略经理
- Melinda Baker，美国癌症协会高级营销总监
- Susanna Guzman，注册金融分析师协会网络服务总监
- Janice（Ginny）Redish，Redish & Associates 总裁，*Letting Go of the Words* 作者
- Rachel Lovinger，SapientRazorfish 内容设计总监
- Jared Spool，User Interface Engineering 创始人，*Web Usability* 作者
- Kristina Halvorson，Brain Traffic CEO，*Content Strategy for the Web* 作者
- Robert Mills，GatherContent 内容策略师

---

① 审稿人在自己自由支配的时间内提供了个人意见，他们的意见并非反映了其雇主的意见或得到了雇主的认可。

内容科学团队

内容科学团队的核心成员为书中所介绍的研究成果及见解做出了巨大贡献。Andrew Johnson的分析能力是首屈一指的，Lisa Clark以她特有的天赋更新了本书的视觉效果，对此我感激不尽。

感谢Scott Abel和Content Wrangler团队，作为合作伙伴，他们为招募调研对象做出了贡献。

我还要感谢ShareCare高级副总裁Toni Pashley及ASAP Solutions Group副总裁David Forbes，作为内容科学团队的顾问及朋友，他们提供了强有力的支持及见解。

关于作者

Colleen Jones是MailChimp的内容主管。MailChimp是一家在2017年被推选为年度最佳公司的营销自动化公司。除了内容专家和《星球大战》粉丝的身份，Colleen同时还是一家内容策略与咨询公司——内容科学公司的创始人。她为数百家世界领先的组织提供内容相关建议或培训，使这些组织成为数字内容领域的“绝地大师”，其中包括《财富》世界50强中的6家公司、5个全美最大的网站、3个最大的非营利组织，以及3个最值得信赖的美国政府机构。

作为一名充满激情的企业家，Colleen领导内容科学团队开发了一套全新的内容智能化软件ContentWRX，创办了在线杂志《内容科学评论》，并通过内容科学学院提供了在线认证。这些产品为美国癌症协会、AT&T等品牌赋能，使内容成为一股实现其目标的有影响力的力量。

在一项TopRank的研究中，Colleen被评为内容营销领域最具影响力的50位女性之一。TopRank是技术传播协会*Intercom* 杂志旗下的一个内容变革机构。Colleen同时也被多个组织评选为最具影响力的50位内容策略专家之一。Colleen还是门萨俱乐部的成员，也是女性从事科技领域工作的积极支持者。从旧金山到悉尼，Colleen也曾在世界各地的会议和企业活动上发表过演讲。

关于译者

万学凡

数字化转型专家，曾先后为多家知名企业提供咨询服务，在战略规划、打造敏捷组织、数字化转型和构建数字化人才体系方面都有卓越的洞见。ThoughtWorks前首席咨询师、资深管理顾问。

祁凡

ThoughtWorks商业分析师、资深项目经理，拥有丰富的产品探索、业务分析和数字化转型经验，持续进行数字化产品创新。旅美多年，成功帮助多个海外客户实现产品从0到1的落地。

引言

与本书第一版相比，这一版对内容进行了彻底更新。我的目标是使《内容智能》成为你和你的团队的首选资源。我将分享一些有用的信息，帮助你从本书中获得最大的价值。

这本书是写给谁的

无论公司规模是小还是大，或是介于两者之间，本书都会使一家公司内与内容有利益关系的各类人受益。

高级管理者

你将认识到让内容作为核心业务能力的紧迫性，还将了解如何定义内容愿景和策略，以及了解内容智能化在做出明智的内容决策方面的价值。为帮助你从零开始（或在已有基础之上）学习，本书还提供了方法和示例。

内容管理者和实践者

本书提供了论点和论据，以证明你的公司开展或扩展内容工作的合理性。此外，你将获得各类有理有据的方法、示例和提示，可以根据自身情况有取舍地使用。

相关专业的管理者和实践者

本书解释了如果内容不是你公司的核心竞争力之一，并且公司也没有单独的领导者和相关资源，那么内容将无法为你创造价值。你会对计划、创建、交付和优化有效内容的工作产生共鸣。你还会意识到当你的内容伙伴提倡为公司的内容策略进行优化时，你对他们的支持将带来何种价值。

第二版有什么不同

与第一版相比，第二版有以下三点不同。

更多的内容分析和内容策略

在第一版中，我通过引用其他资源来阐述内容分析和内容策略。但在过去的8年间，我和内容科学团队一起体验了跨多个组织的内容分析和内容策略方法。我希望能够通过第二版来分享这些经验和教训。

除此之外，我在第二版中加入了更多关于“内容为什么对数字化业务（或数字化转型）至关重要”的分析。如果你在尝试使用内容或想将现有内容引入下一个阶段，希望这本书能对你有帮助。

内容运营揭秘

当我在准备第一版的写作时，除了杂志和报纸，其他行业的从业者几乎不知道编辑日历是什么。而现在，我们已经有诸如红牛（一家销售能量饮料的媒体公司）、FitBit（提供可穿戴设备、智能家居设备和应用，以及个性化健康生活内容）和其他一些公司了。虽说并非每家公司都需要这么大的业务跨度，但是它们都需要在正确的时间和触点上为正确的客户提供正确的内容。这不仅仅需要内容愿景和策略，还需要执行良好的内容运营。第二版内容涵盖了帮助公司将其内容运营、内容愿景及策略完美结合的方法，例如，内容运营成熟度、内容智能化和内容自动化。

最新的示例与未来的展望

第二版更新了第一版中有关内容影响力的内容，并介绍了内容有效性的维度。同时，书中还贯穿了一些涵盖不同行业的示例，比如信用监测、制造业、卫生保健、旅游业。这个版本还从全新视角对内容的未来进行了阐述。

本书中的“科学”是指什么

我将“科学”这个词作为整本书的基调。在我公司的名字中我也用到了它。对不同的人来说，“科学”代表着不同的意思。因此，我来解释一下我所说的“科学”的含义。我之所以喜欢这个词，是因为它包含了下面三个完全不相关却又互补的概念，而这些都能运用在内容上。

精炼或优化实践

当你说“她老于此道”时，你是指她通过不断练习已经达到了相当熟练的程度。她是一名专家，能够将知识、流程与工具融会贯通且完美运用，并且她还在不断努力以提高业绩。

本着科学的精神，第二版提供了一些方法，使你的公司能熟练运用内容。我所分享的方法、技巧和示例都是通过相关研究加以印证过的。

观察与记录

这方面的科学是观察和描述你所看到的。观察可以告诉我们实际上发生了什么，即使我们还没能完全理解其背后的道理。事实上，这一行为通常有助于提出有用的问题，而不是完整的答案。灵长类动物学家和人类学家Jane Goodall、海洋生物学家Rachel Carson及科学作家Bill Bryson都在观察世界和交流他们的观点方面做出了非凡的工作。

抱着这样的科学观，我在书中分享了我从事内容工作20年来通过观察得来的观点及几则轶事。此外，我的观察也向我提出了一些问题，而我将试图通过科学的第三个方面来解答这些问题。

实验与创新

这一科学观聚焦在使用我们已知的知识来解答事情发生的原因及预测我们未知的事物上。这是科学的创造性和解决问题的一面。天才科学家居里夫人和斯蒂芬·霍金是这类科学的代表，居里夫人发现了放射性元素，斯蒂芬·霍金提出了相对论和量子力学的概念。科学的这一意义涉及的是提出一个假设，实验并验证这个假设是否正确，通过长期不断的积累来充实现有理论或形成一个全新的理论。

本着这种科学精神，本书提供了许多洞见以帮助你使用智能化内容，或者说如你所了解的那样，帮助你在未来对你的内容做出决策。我从扑克牌和博弈论中借鉴了相关洞见，并推出了成为内容专家的概念。此外，我还要指出将一些内容运营用于内容创新的价值，并且分享了内容科学公司自己的一些实践结果。

本书提出的关于科学的三个方面，同样也是基于大量的证据的，包括：

- 内容科学团队的调研。
- 其他人的调研。
- 我从业 20 多年的经验。
- 其他专业人士和专家的实践。

如何使用《内容智能》

第一版始于2011年，至今仍有众多读者认为它是一本非常有用的参考书。没有什么比在一本满是折痕和便利贴的书上签名更让我开心的了。我希望第二版不仅仅是一本长久的参考书，而且是一本有用的、吸引人去阅读或倾听的书。为了充分利用本书，我建议你：

- 首先，从头到尾通读一遍。

- 根据你当下的需要或兴趣所在，回到对应的章节或主题上认真阅读，并使用相关参考、检查列表及其他资料。
- 将这本书放在手边，当你的内容方法日渐成熟或者其他重要主题提上日程时，重新温习一遍。

内容就是一项科学研究。在商业背景下，它也是一场游戏。虽然没有任何一本书可以给你通关秘籍，保证你能赢得每一场关于内容的战斗，但这本书可以当作一个游戏指南，在你和内容做游戏时一次次为你指引方向。长此以往，你终将赢多输少，从而使内容成为你的优势。

原书中的所有链接放在了博文视点官网上，读者可扫描以下二维码查看。

读者服务

微信扫码回复：38281

- 获取本书外链列表
- 获取各种共享文档、线上直播、技术分享等免费资源
- 加入读者交流群，与更多读者互动
- 获取博文视点学院在线课程、电子书20元代金券

目　录

难题：新的十字路口

规划：构建内容策略和战术

说服：提供有效且有影响力的内容

审慎：推动内容智能化

扩展力：成熟的内容运营

预见：内容的未来

难题：新的十字路口

随着数字化业务成为常规，而非例外，我们面临着新的内容选择。

1 数字化不断引领成功之路

成功之路绝非一条笔直的坦途。

当你踏上征途时，如果不注意脚下的路，你将迷失前进的方向。

——J.R.R. Tolkien，《指环王》

让我们先从一个事实开始讲起。我想请你回答下面的问题：

自 2000 年以来，《财富》世界 500 强企业中有多少企业已经消失了？

如果你猜到的数字是50%或者更多，那么祝贺你，答对了。如果你猜错了，那么你也不是唯一一个。当我得知美国上市公司消失或者被竞争对手收购的比例如此之高时，我感到非常震惊。怎么会这样？许多商业专家和记者一致认为，导致这种现象发生的重要原因是数字化的颠覆。数字化不再仅仅意味着公司提供网站或者移动应用程序来对线下运营活动进行补充，它还代表着能从根本上改变公司的运营方式，比如直面新的竞争对手，应对人工智能等技术所带来的广泛影响。这关乎公司的生存，而不仅仅是为了寻求发展。

如今这种情况让我想起了自己成长过程中最喜欢的一个故事——《爱丽丝镜中奇遇记》。有一次，爱丽丝跟着红皇后一起跑了很长一段时间，然后才意识到她们其实一直停留在原地。

> 爱丽丝喘着气说："可是，在我们那里，如果像刚才那样飞快地跑了这么长时间，就总能跑到别的什么地方去的。"
>
> "那可真是个慢吞吞的地方，"红皇后说，"你瞧，在我们这儿，你得拼命地跑，才能保持在原地。要是你想去别的地方，那么你至少得再跑快一倍才行。"

对于儿时的我来说，这非常神奇，但作为一位身处数字化时代的成年人，对此却感同身受。让我们一起近距离地了解一下数字化是为什么及如何使商业演变成一场"红皇后的赛跑"的。

数字化正在以前所未有的速度和频率变革商业模式

世界经济论坛（World Economic Forum）是我了解当前经济发展趋势的重要平台之一。作为一个瑞士的非营利组织，它致力于通过组织年度论坛和持续更新报告来吸引各行各业的领导者共同改善世界状况。2016年年度论坛的主题就是"数字化颠覆"（特别是第四次工业革命），论坛上埃森哲公司的首席执行官Pierre

Nanterme对数字化的影响做了如下断言：

> 数字化颠覆是今天我和所有 CEO 对话的核心。这并不会令人感到惊讶，因为它带来的是我们从业以来所遇到过的最重大的危机和机遇。
>
> 当我们评估它带来的影响时发现了这样一个事实：新的数字化商业模式，是2000 年以后半数以上的《财富》世界 500 强企业消失的主要原因。同时，我们只是处于世界经济论坛所称的“第四次工业革命”的开端，其特点不仅在于大规模采用数字化技术，而且在于对包括能源、生物科技在内的所有一切领域进行革新。

为了进一步证明是数字化颠覆推动了第四次工业革命的出现，《财富》（*Fortune*）杂志在2017年对世界500强企业的CEO做了一份问卷调查，所得到的数据耐人寻味。在参与问卷调查的CEO中：

- 73% 的人表示“技术的急速变革”是他们所面临的最大挑战。
- 71% 的人对“如今，我认为我的公司是一家科技公司”的说法表示认同。
- 81% 的人认为，人工智能和机器学习对于公司的未来发展而言“非常重要”，甚至“极其重要”——相比于 2016 年的 54%，这一数字增幅明显。

无论身处哪个行业，几乎每一家公司都必须成为数字化的公司。那么，这些公司是否正在将资金投入到正确的地方来解决它们在数字化方面的担忧呢？答案似乎是肯定的。国际数据公司（IDC）的一份调查报告显示，2017年全球范围内用于数字化转型的支出达到了1.1万亿美元，而2018年达到了1.8万亿美元，其中4370亿美元用在美国市场。

数字化颠覆将持续存在

综上所述，数字化颠覆并不是一个炒作或侥幸出现的概念。它正在发生，并且不太可能在短期内结束。事实上，它很可能会加剧。世界经济论坛明确了四次工业浪潮，每一次都以快速变化为标志。Nanterme这样描述：

> 我们正目睹第四次工业革命出现在一系列的浪潮之中：喜欢交互式及个性化

> 体验的数字化消费者正在受益于SMAC（Social、Mobile、Analytics、Cloud，社交、移动、分析、云技术的统称）技术的发展成果；数字化企业通过运用SMAC技术来降低企业的运营成本，并转变企业间协作方式，从而提高生产力；众多公司通过运用人工智能、机器人、认知计算，以及工业级物联网来进行商业变革，从而掀起新的数字化运营浪潮。

同时，Nanterme进一步解释了加速的变革：

> 数字化颠覆的速度之快和规模之大是第四次工业革命所独有的。数字化公司可以在第一时间以几乎零边际成本接触到顾客。它们可以通过与合作伙伴甚至竞争对手合作，在新的领域展开竞争。它们可以通过融合技术和数据源来大幅度地提高产品质量和生产效率。

我想到一家能够很好地驾驭数字化颠覆的公司——Intuit。在2017年的《财富》世界500强排名中，《财富》杂志将其列为第537位。但在未来50强领导者排行榜（这是一个体现公司在突破性增长潜力方面的排行榜）上，它排名第8位，原因之一就是它进行变革的能力。Intuit的自我颠覆始于1993年，这一年它发布了一款名为Quicken的桌面版个人会计软件。自此之后，Intuit在发布一系列成功产品的同时，不断地通过自我重塑来迎面巨大的挑战，例如：

- 将桌面软件转变为网页端软件和移动应用程序。
- 应对来自竞争对手的威胁，例如，竞争对手 Mint.com 可以追踪客户所有的个人理财账户。

因此，公司和组织需要进行数字化改造——很可能是多次改造，就如Intuit一样，这样才能在第四次工业革命中生存下来，并进一步发展壮大。这对于通过数字化获取结果意味着什么呢？首先，这意味着避免犯错。

错误仍在发生，并且依旧疯狂

在这本书第一版出版后的 7 年间，许多公司依然在不断地走上或者重新走上歧途，直至不归。而这些错误的路线都忽略了内容的重要性。

急于求成的技巧和小伎俩

以能够产生关键结果的对话为例，为了进行销售或者优先获得商机，许多网站会像急于求成的销售员一样拼命地向顾客施加压力。其中一种让我又爱又恨的伎俩是倒计时，计时器的每一声“嘀嗒”都在催促我注册成为网站的用户。

诸如此类的技巧就如同针尖一样推着人们前进。那么，这样做是否有效果呢？

许多顾问表示，我们期望通过这种方式获得2~3%的网站转化率（例如，从浏览网站转化为购买产品）。实际上，由Monetate发布的电商季度指数表明，全球范围内的网站转化率一直在2~4%之间浮动。这个浮动区间自2003年以来就没有变化过。即使将“并非每个电商网站的访问者都有购买需求”这样的因素考虑在内，这一比例依旧很低，并且多年来一直没有过提升。

那么，如何提升转化率呢？顾问告诉我们，答案是测试和优化。通过调整网站及登录页面上的文字、按钮和图片来获得转化率的提升（有时候也会在这个环节使用巧妙的操纵技巧）。我们通过几年的实践发现，如果各类小技巧和小伎俩有效的话，那么即便全球范围内的转化率没有像火箭发射一样暴涨，也应该获得一定的增长了。

那么我们应该停止测试和优化吗？不。但是除此之外，你还有更多可以做的事情。仅通过技巧和伎俩是不足以获得有价值的结果的。

被高估的技术

单独的IT产品、功能或者小工具并不能给你想要的结果。我从来不关心那些满脸堆笑的小贩是如何通过花哨的演示或者免费饮料来说服我的。一位名为Tom Davenport的行业分析师兼作家指出了技术力量的极限：

> 然而，最重要的一点是，我们在IT行业中需要更多的怀疑论者……其实大多数产品并不像广告上说的那样，或者总体上不怎么好，有的甚至不值得这样大肆宣传。

我一次又一次地看到许多公司，特别是大型公司，寄希望于某一产品、平台或者技术趋势（如人工智能、数字化核心转型等），希望它是解决所有问题的“灵丹妙药”。同时，我发现这些公司会一次又一次地发起项目，以期获得这个“灵丹妙药”。云技术公司Innotas的研究报告表明，有超过半数的这类项目会以失败告终。这些项目让我想起了Dilbert的一幅漫画（图1.1），漫画的内容是：一个技术倡议从承诺一切开始，以无法交付告终。

图1.1：许多IT项目从不切实际的期望开始，以失望告终

“蛇油”一般的SEO（搜索引擎优化）[①]

SEO是一个被过度吹捧的技术的表率。SEO被吹嘘为只需付出很少的努力，就能在搜索引擎排名中高居榜首。是谁在推销它呢？SEO顾问。他们利用了搜索引擎公式不是公开的这一事实——它们被保管得比食谱秘方还严密。同时，这些公式也经常被调整，以确保没有人（包括顾问在内）知道你的网站是被如何排名的。这些言过其实的顾问向你“保证”排名的准确性，并给你提供一些所谓的建议，例如发表大量塞满了关键词的文章。尽管这些文章大多价值很低，但是顾问们会坚持说这笔钱花得非常值。

但是，也有一些优秀的SEO顾问会做一些合理的搜索引擎优化工作。他们用不同的变量进行试验，观察其中哪些变量会影响你的搜索引擎排名。他们会注意到谷歌何时修改了搜索算法，并提醒大家警惕那些垃圾邮件，以及过时的搜索引擎优

① 原词snake oil是俚语，表示解决方案本身的价值被过度吹捧、过分高估。——译者注

化实践将会受到降低排名的惩罚。在大多数情况下，好的设计和内容，与获得好的SEO排名之间还有很长的路要走。

不是说因此你就应该抛开对SEO的关注。但是不可否认，SEO被过度吹捧导致人们在内容和数字化曝光率上花费了大量金钱，仅仅是为了使自己能够被搜索到（然而这通常是行不通的）。如果你的网站上充斥着没有实质意义的“一切为了SEO”的文章，那么你将无法获得任何好结果。

有限的图形和交互设计

好的数字化体验应该是能够吸引眼球且易于使用的。但这就是你想要的一切结果吗?

助力有限的图形设计

好的图形设计能够给人留下奇妙的第一印象，这样他们就不会马上离开你的网站，它还有助于设定你的风格。尽管这些好处有一定的价值，但也仅此而已，并不能长期维持结果。你访问过多少设计精美的网站，然后过后即忘?也许，你压根儿记不起来。

可用性和交互设计非常重要，但你需要更多

网站或其他数字化触点是否具有友好的用户界面，这对于深度设计是非常重要的。如果用户不能在线上进行良好互动，那么你将会陷入困境。可用性是有助于提高辨识度的通用办法，但是，深度设计并不能够涉及大多数内容的实质。

目光短浅的营销

以下问题发生在市场营销过程中。

广播不适用于交互式数字空间

自20世纪90年代末以来，市场营销被宣称为一种已经完全适应了网页端的营销。在此之前，市场营销完全遵循着广播宣传模式，即把公司的品牌当作一艘战舰，不断向目标客户“发射”信息。通常来说，这种以某一活动或者促销为主的信息

“轰炸”会持续几周甚至几个月。

尽管营销人员仍在谈论可交互的营销手段，但这可能并不多见。2010 年《哈佛商业评论》(*Harvard Business Review*) 上发表的一篇文章呼吁市场营销及统计手段需要彻底革新。

> 想要在这锐意进取的交互环境中竞争，公司必须将关注点从成交量转移到最大化客户终身价值上。这意味着产品和品牌将服从于长期的客户关系。

我接触过的大多数营销人员仍然在用信息“轰炸”顾客，而不是通过与顾客的良性互动来建立长期的关系。

线上广告通常是无效的

横幅广告、弹窗、吸引眼球的视频、诱导点击的搜索引擎广告等——这些线上广告很招用户反感。人们很容易将责任归咎于设计师或者营销人员。但真正的问题是，线上广告从一开始就承诺，能够比其他广告方式提供更好的有关广告有效性的数据。自这本书第一版面世以来，已经产生了大量关于线上广告的数据。而这些数据告诉我们，线上广告的有效性微乎其微。

例如，去年易趣 (eBay) 在与一群受人尊重的经济学家合作后，发布了一项关于搜索引擎广告有效性研究的报告。该报告发人深省的结论是，对于知名品牌来说，搜索引擎广告不仅毫无用处，而且不能为品牌带来任何利润。

另外一个案例是关于全美最大的广告商宝洁公司的。因为担心自动程序引来广告虚假流量，以及在某些网站和应用程序上显示的广告会损害其产品品牌形象 (比如，如果你在色情网站或者有政治争议的网站上看到了玉兰油乳液的广告，这将会是一个问题)，所以，2018年宝洁削减了1.4亿美元的数字广告支出。除此之外，宝洁公司的首席品牌官Marc Pritchard领导了一场激烈的运动，要求诸如谷歌和脸书之类的数字化公司和广告平台大幅度提高透明度，并遵循相关标准。尽管Pritchard预见到了“下一代”数字化广告的前景，但是很明显，线上广告具有过度承诺却无法兑现的严重弊端。

我还可以继续说下去，我打赌你也可以继续往这个屡试不爽的解决方案清单里添加内容。现在，新的诱人但错误的道路出现了。

这些新的错误正将组织带入歧途

过分强调设计思维和内容膨胀这两个错误，其结果要么是以新的方式忽略了内容，要么是关注了错误的内容。

认为设计思维可以拯救你

当我在写本书第一版时，“设计思维”在商界中正逐渐成为一个流行词，它指的是将研究和设计原则相结合来识别并解决业务问题。目前，尤其是在大型公司里，设计思维的概念仍然炙手可热，很多非设计师接受了广泛的设计培训。但是和技术一样，设计思维并不是万能灵药，因为它忽略了其他重要的思维。

哪些思维会被忽略呢？用户体验设计先锋及Adaptive Path公司创始人Peter Merholz在他为《哈佛商业评论》撰写的具有先见性的简文《为什么设计思维无法挽救你》（*Why Design Thinking Won't Save You*）中回答了这个问题，Merholz认为Adaptive Path公司之所以获得成功是因为它汇集了多种思维。设计思维并没有考虑到如下几种思维：

- 商业思维，如今依然至关重要。
- 人类学与社会学研究思维。
- 图书馆信息学 / 信息架构思维。

最后一项是Merholz在文章中谈及的内容，我将在本书其余部分介绍一系列与内容相关的注意事项。同时，我也会介绍市场营销和技术思维相关的内容。Merholz对为什么我们需要这么多不同的思维做出了幽默的逻辑性总结：

> 拥有不同的学科背景能够让我们在工作中持有截然不同的观点，假如我们的想法都如出一辙，就不可能获得洞察力。我们需要支持“图书馆思维”“历史思维”和“艺术思维”吗？或许我们应该回顾一下史蒂夫·乔布斯的经历，然后发现商界中所需要的也许是更多的“书法思维”？[①]
>
> 很明显，这越来越荒谬了，然而这恰恰是重点。“商业思维”和“设计思维”

① 乔布斯年轻时曾从大学退学，去学习美术字相关课程。——译者注

> 之间所谓的二分法是愚蠢的。就如同电影《蓝调兄弟》（*The Blues Brothers*）中的台词一样，在被问到“你们这儿通常有什么样的音乐”时，一位女士回答：“乡村音乐和西部音乐，[①]我们两种都有。”与此相反，我们必须明白的是，在这个野蛮复杂的世界里，我们需要广泛多样的观点和立场来应对我们可能遇到的各种挑战。虽然我们应该质疑“商业思维”的至高无上，但是将注意力全部转移到“设计思维”上，也将意味着你会错过无数的可能。

我怀疑设计思维的倡导者不能也不会认同 Merholz 的先见之明，因此他的文章也许并没有获得应有的关注度。不过他的逆向观点值得被重新审视。在过去几年中，我亲眼目睹了被设计思维至上理论误导而产生的各种后果，包括：

- 内容分析师受到设计师的不平等对待，例如不让内容分析师参与设计过程或不尊重他们的反馈。
- 由于设计师和公司领导之间缺乏协作，导致意见分歧及决策延迟。
- 在设计过程中完全不了解内容含义的影响，例如假设了事实上并不存在的海量内容。
- 在定义产品或体验策略时，将内容策略人员或内容营销策略人员排除在外。
- 设计主管领导及专业人士将内容视为设计所必须包含的附属品，而不是需要独立领导和运营的关键业务能力。

我只是做了非常表面的调研。这里所要表明的重点是，单凭设计思维不足以引导不断被数字化颠覆的商业成功之路。

聚焦内容量引起的内容膨胀

我很高兴地说，自本书第一版出版以来，越来越多的组织和个人将注意力转向了内容。互联网的规模每两年就翻一番，这使得从 2011 年到 2020 年的内容和数据量会增长 50 倍，这并非巧合。我并不是说这本书能够凭一己之力引发人们对内容的新关注。我的意思是，现在已经有越来越多的组织意识到内容的重要性，并开始为此做出一些改变。就如这本书后面所介绍的一样，许多企业已经取得重大成

---

① 二者不是相互独立的音乐种类。——译者注

功。与此同时，也有许多公司沉湎于内容“越多越好”的理念，在众多数字化触点上添加了大量的内容，最终以失败收场。

例如，科技巨头英特尔在 2015 年发现，它正在遭受我所说的内容膨胀的痛苦。它的内容输入包含主要网站上的 12 500 个页面、715 个微型网站、324 个社交触点和 38 个移动应用程序。你可以想象一下用来编写这些内容的无数图片、PDF 文档、视频及其他的数字化资产。正如表 1.1 中所列举的，如此海量的内容为客户或用户，以及创建和管理这些内容的公司带来了多少问题。

表 1.1 海量内容带来的问题

给客户或用户带来的影响	给提供这些内容的公司造成的影响
可检索性差 高质量的、相关的内容变得越来越难被发现或被找到	**复杂** 内容资源及数字化触点的管理难度和成本变得越来越高，也越来越难以规模化
困惑+不信任 不同内容传递了相左的、过时的信息，让完成任务的难度增加，或者上下文相互矛盾	**低效** 冗余的内容由不同的组创建，他们为了增加自己所创建的内容在搜索列表中的可见度而进行相互竞争
不满意 内容不能够帮助新客户与潜在客户，有时甚至会妨碍客户，从而导致用户体验满意度较低	**无效** 内容对于吸引合适的人、鼓励自助式服务、改善转化率或支持商业目标毫无用处

如果你关心内容，但却发现你的组织已经遇到和英特尔相似的问题，别担心，你还有改正的机会。英特尔的数字化治理总监 Scott Rosenberg 领导团队经过多年努力，根据明确的标准和有效的指南减少了冗余的内容，并引入了治理措施来防止内容膨胀的再次发生。Rosenberg 说道：

> 数字化治理之旅的第一步应该是深入了解你正在努力解决的问题，以及它对业务的影响。举个例子，如果你正在处理内容策略方面的问题，诸如内容膨胀或者是我所说的“体验臃肿”（大量的网站、社交触点、移动应用程序等），请明确定义这对你的营销目标和客户体验带来什么影响——这是否会削弱你的品牌价值、减少领先优势、向客户暴露组织内部的孤岛？在这之后，请向你的组织内拥有关键影响力的干系人，例如 CMO（首席营销官）和执行团队分享并验证你的发现。你需要获得公司高层的认可，这对于确保你在建

立强大的数字化治理框架的过程中能够获得足够的支持、资源，以及广泛的行为转变，是至关重要的。

本书的后续内容会帮助你避免或纠正内容膨胀这个错误。

总结

得益于数字化颠覆，我们都面对着一条崭新的、多变的成功之路。发现没有任何捷径可走，会令人心生失望，而那些新鲜诱人的错误道路却又注定会失败。先不谈发展壮大，仅仅为了能够在数字化时代生存下来，企业就必须认真思考它们应当如何对待内容。

2 内容决定成败

在进行商业数字化转型的过程中，内容变得至关重要。

最大的风险就是不冒风险。在一个变化如此迅速的世界里，唯一注定失败的策略就是不冒险。

——Mark Zuckerberg

希望。

——Princess Leia Organa

数字化的兴起使我相信，我们进入了一个新的商业时代——内容时代。在我们生活的这个时代，内容既关系到企业的存亡，又可以成为潜在的商业优势。让我们仔细分析一下为什么这样说。

数字业务的客户是订阅者

商业模式已经从按产品付费演变为订阅模式了，许多人称之为“订阅经济”。Credit Suisse是一家全球领先的金融服务公司，它们发现仅在2015年，消费者就为它们的订阅服务消费了约402亿美元，这几乎是2000年时该项消费额的两倍。Shasta创投公司的新闻发言人Jason Pressman是这样说的：

> 现如今，不做订阅业务的公司比做订阅业务的公司显得更不寻常。初创企业和传统企业都在尝试对以前认为不可行的垂直产业开展订阅业务。以凯迪拉克公司为例，该公司最近推出了一项计划，允许驾驶者以每月1500美元的价格驾驶多种车型。

订阅服务为客户提供了灵活性和经济性，也为企业提供了持续可靠的收入。与此同时，数字化颠覆将为订阅服务持续提供更多的创新性实验。例如，物联网技术会将装置和设备（甚至是一台冰箱）都接入互联网，这就意味着任何一款装置或设备都可以变成订阅式的。你听说过一款叫Peloton的动感单车吗？如果没有，那么没关系，你很快就会知道它。这是一款配备了详尽的运动表现分析功能的动感单车。你需要每年订购一次在线互动课程，课程涵盖了各种运动级别。消费者只需购买这款动感单车并定期续订就可以了。在2017年的时候，Peloton已经从投资者那里成功地获得了大量投资，并被预测将会成为一个价值10亿美元的企业。著名投资者Mary Meekins表示，“Peloton的业务模式能够吸引广泛的订阅者，并且订阅者的数量能够持续增长。我们相信，Peloton将会成为交互式运动媒体这个拥有巨大潜力的新兴业务模式的领导者。”

*交互式运动媒体*是指搭配了一系列可供订阅的内容的设备（例如动感单车）。

客户需要内容

无论你是否将你的客户归类为订阅者，他们在与你的公司进行交互的过程中都需要内容。从网站到个人助理，从打印服务到动感单车——在众多触点中，客户对内容的需求源源不断（图2.1）。而你需要做的就是不断地吸引新客户，将他们转化为消费者并留住他们。

图2.1：企业需要优质的内容来赢得并留住订阅者

吸引客户

企业可以运用内容来培育或取悦客户，并以此吸引更多的客户。举个例子，美国运通开放论坛（American Express Open Forum）为帮助小型企业更好地成长，提供了大量的文章和视频，其中包含了实用的建议和鼓舞人心的故事。这些内容使得美国运通开放论坛成为公司在发展客户关系初期时值得信赖的咨询顾问。

转化客户

大量研究表明，无论是个人消费还是企业消费，人们大多会在线上进行购前调研（参见链接2.1上的相关报告）。因此，企业需要提供相关的内容，以解答消费者提出的问题，并介绍产品相关功能或规格，同时以清晰且引人注目的方式强调产品的优点或价值。

留存客户

内容可以扮演许多重要的角色，例如，可以增加教育的价值，可以成为主打产品，也可以帮助客户获得成功。

在将小型企业转化为自己的客户后，美国运通开放论坛仍继续为它们提供价值。这意味着美国运通开放论坛对该项内容的投资取得了额外的回报（从转化客户到成功留存客户）。

内容是Peloton商业模式的核心，就如它的在线动感单车课程，包含了个性化的教学课程和客户的运动表现分析。任何一家媒体公司，无论是社交型的还是传统型的，都应将内容作为其主要产品。

打破人们不再阅读的“神话”

“就这么发布吧，反正也没有人会读它。”

如果有人以此为借口而不花时间去阅读将要在网络上发布的内容，特别是文字类的内容，那么请记住，研究结果不是这样的。Poynter EyeTrack 研究表明，实际上人们在线阅读时比离线阅读时更加投入。

“人们不再阅读”的“神话”出自何处呢？其中一个来源是对 Jakob Nielsen 的 *Concise, SCANNABLE, and Objective: How to Write for the Web* 研究的误解。Nielsen 断言，人们在网上的大多数时候都是在浏览。

那么谁的观点是对的？笼统地说，都是对的。人们阅读时会进行浏览，直到找到与自己相关的内容，然后进行深入阅读。如果他们没有找到相关内容，就不会深入阅读。因此，提供具有相关性的内容是影响人们的巨大机会。

动态的上下文帮助、清晰的说明和指南，以及故障排除宝典都能让客户随时进行自助服务。例如，健身器材制造商Precor为确保客户能够正确地安装设备，改进了工具套装礼包。再举一个例子，在重新设计TurboTax的时候，Intuit仔细考虑并添加了清晰且友好的说明文字和动态的帮助内容，得到了广泛的好评。

因此，客户业务流程的每个阶段都需要内容。也许你会说，这不是小菜一碟吗?实际上并不完全是这样的。

好的内容依然难以创建

与之前相比，越来越多的组织在提升内容质量上做出了前所未有的努力，然而创作出满足客户高期望的内容从来都不是易事。

远大（且不断演化）的期望

奈飞（Netflix）和亚马逊（Amazon）这些公司正在不断地提升用户期望的标准。由此造成的结果是，人们习惯于毫不费力地找到并使用具有相关性及个性化的内容。

进一步说，现在诸如奈飞、Hulu和Peloton这样的公司正根据数据分析得出的结论来提供独创的内容形式，为触及并取悦大众的优质内容设立了新的标准。《纸牌屋》（*House of Cards*）取得的巨大成功表明了奈飞在这个方向上的探索是正确的。

如果你觉得这还不足以说明什么，那么可以想想FitBit、Under Armour的My Fitness Pal，以及TurboTax等产品，它们正在对教育和客户成功相关内容的质量和相关性进行创新。前面已经提到过TurboTax采取的方法，下面让我们来谈谈My Fitness Pal和FitBit。它们将用户数据、内容与人工智能技术融合在一起，提供具有高度灵活性和个性化的定制体验。在本书接下来的几章中，我们会仔细研究这些公司是如何创新的。

如果你认为这一类的创新仅限于大品牌，那么请不要急于下结论。我个人最喜欢的动感单车工作室叫作Burn，因为我能够从它的身上看到数字化内容业务的巨大潜力。我可以在它的网站上购买或订阅一系列的课程，也可以预约一个课时，并选择我想要的单车确切位置。当我到达工作室时，我可以使用自助终端签到；在课堂上，我的单车会收集我所有的运动表现数据，例如每分钟转速、燃烧了多少能量、输出功率等。如果我愿意的话，我的运动数据可以展示在教室前部的显示屏上，跟上同一节课的其他人做比较（在每节课开始时，我通常处于中等水平，这也给了我更多的动力去提升名次）。怎么样，够酷了吧？但真正引起我注意的是，在每一节课结束后的两分钟内，我会收到一封电子邮件，这封邮件的内容不仅是祝贺我完成了课程，还总结了我的运动数据，包括排名、燃烧能量、输出功率等（图2.2）。看到这些，我惊叹了一声："哇！"这家仅有一个门店的动感单车工作室却提供了内容如此丰富的数字化体验，而这一点是许多大型公司都无法做到的。实际上，在数字化商业时代，小型公司可以将提供优质内容作为它的一大优势。我们将在本书的后面做进一步探讨。

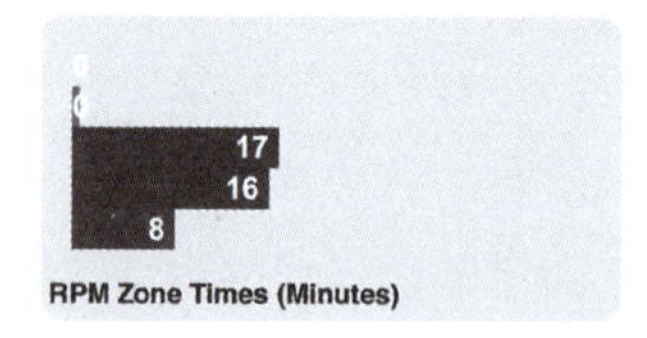

图2.2：一个小型的动感单车工作室能够让你由衷地惊叹："哇！"

我想要说的是，你的客户可能会遇到许多这样的公司，不管规模大小。这意味着客户对内容的期望值也在不断提升。因此，如果你发现许多组织都在努力满足这些期望，也就不必感到奇怪了。

满足期望会遇到的挑战

内容为何如此具有挑战性？为了得到这个答案，我的公司——内容科学公司在2015年和2017年进行了一项相关研究。我们从各行各业挑选了近200名从事内容相关工作的专业人士，并通过问卷和采访的形式揭示了这些难度最大的挑战（图2.3展示的是2017年的调研结果）。

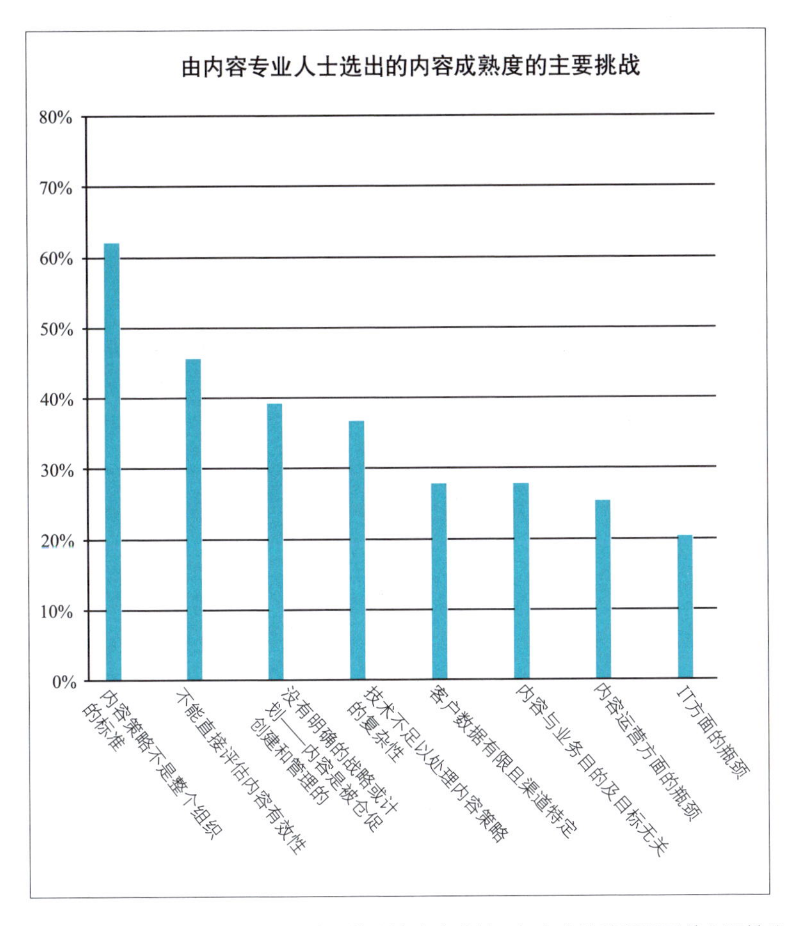

图2.3：2017年，由近100名内容专业人士选出的维持或改进其组织内容策略所遇到的主要挑战

这些挑战可以归结为以下三类：

1. 缺乏内容的愿景和策略。

2. 缺乏足够的数据和实验。

3. 过时的内容运营（包括技术支持）。

缺乏内容的愿景和策略

许多组织到目前为止依然没有为它们的内容或者说为未来的目标制定愿景。在2017年的研究中，55%的受访者表示他们的组织没有内容愿景，当然也就不可能制定实现愿景的策略，或者让所有合适的人都参与到愿景实现中来。我很喜欢参与这项研究的Teladoc的Tina Keister的观点：

> 如果你们不知道什么是成功，那么就无法一起实现它。如果你们对成功有不同的认知，实际上你们只会因为没有共同的愿景而不断妨碍彼此。

根据我的经验，缺乏内容愿景和策略的主要原因是领导力不足。这些年来，我见过许多用心良苦的公司因为没有聘请内容专业人士或内容主管而在探索内容的路上挣扎多年。

缺乏足够的数据和实验

这个挑战会在各种规模的组织中出现。我曾与一家大型企业集团合作，该集团可能拥有世界上最大的数据湖，但它的内容团队却几乎没有相关数据来证明其内容的有效性！

我们在2017年的研究中发现，一位既可以评估内容影响力又可以自由选择内容实验方式的内容专业人士，更有可能在内容的探索上获得成功。这是为什么呢？一位研究参与者这样说：

> 这些组织和它们所取得的成绩，很难不让人垂涎三尺。从它们所做的事情中不难看出，这些组织在内容上的投入确实足够多。它们全身心投入，并且充分理解内容的价值，你能够从它们正在做的尝试中看到这一点，即使其中某些尝试失败了。我认为，如果拥有这种程度的理解或投入，公司就能走得更远。

当你可以自由地评估不同的内容方法时，你将更有可能找出哪种方法是有效的，以及其中的原因。

过时的内容运营

其实并不难理解为什么出现这个挑战。如果缺少关于对内容的未来愿景，以及缺少数据来了解内容如何对当下产生影响，那么也就没有太多的理由对内容运营做出改变了。

我们的研究发现，那些能够改变内容角色、拥抱内容自动化、探索运用人工智能最佳方法的内容专业人士更有可能取得成功。来自戴尔EMC的研究参与者Noel McDonagh解释说：

> 拥抱人工智能和机器学习，是我们应对内容需求呈指数级增长这一事实的唯一方法。我们必须实现某些内容制作的自动化。

尽管做好内容很困难，但这并非不可实现。为了有所裨益，本书剩余部分将阐述如何确定内容愿景，如何制定实现愿景的策略，以及如何运用技术手段和运营手段确保其有效执行。我希望这本书能够帮助你取得进步，同时帮助你培育你的领导层或干系人。

到目前为止，我希望你已经清楚地理解，如果内容运营做不好，你的数字化业务就只是纸上谈兵。在你的组织进行数字化转型时，要么为内容策略与运营投入资源，要么被市场淘汰。

如果你的选择是后者，那么你也就没有继续阅读本书的必要了。如果你选择的是前者，本书剩余的部分将会帮助你选用更具策略性和系统性的方式来运营内容。我分享的框架和原则是基于我与众多组织合作的经验，这些组织中既有小众零售商，也有大型企业集团。相信无论你的组织规模有多大，你都能够从本书中有所获益。

规划：构建内容策略和战术

让内容在你的数字化业务中起主导作用。

3 制定内容愿景

定义一个能启发并指引你、你的干系人、合作伙伴和团队的愿景。

“请问，您可以告诉我应该走哪条路吗？”

“这取决于你想去哪。”柴郡猫说。

“我无所谓，去哪里都行。”爱丽丝说。

“既然这样，你选哪条路都行。”柴郡猫说。

——Lewis Carroll，《爱丽丝梦游仙境》

把内容做好应该从愿景开始，而不是从策略开始。让我们来探讨何谓内容愿景，以及如何制定它。

内容愿景是你未来的目标

自从Stephen Covey的《高效能人士的七个习惯》（*The Seven Habits of Highly Effective People*）震动商界以来，愿景对企业来说越来越重要了。Covey说道：

> 任何事物都是经过二次创造而成的——首先是智力上的，然后是体力上的。创造的关键是先在头脑中画出理想结果的愿景与蓝图。

在当今的数字化商业时代下，我会将“体力上的”改成“体力上的或数字化的”。内容对于商业来说至关重要，因此可以将它视作一种愿景。内容愿景就是你所渴望的未来状态。如果你不清楚自己的目的地，那么就无法制定到达那里的策略。

必须承认，在本书第一版发布一年后，我才偶然发现了对内容愿景的需求。那时我正与一家有着200年历史的图书出版社合作，任务是为它们的网站制定内容策略。为了开展这项工作，我采访了该出版社的市场营销、产品管理、用户体验方面的领导。我问了每个人同一个问题：“你的内容愿景是什么？”

大多数领导没有给出清晰的答案，他们会说：“我以前没有认真考虑过这个问题。”对于少部分给出答案的领导，他们所描述的愿景是截然不同的，甚至是相互矛盾的。例如，一位领导有一个令人兴奋的愿望，希望网站能够像一扇通往各式各样有用且有趣的知识的大门，而不仅仅是单调、呆板的线上书店；而另一位则希望提高文案的质量，使之更加一致。

当时我想到的是：“哦，这些想法都很现实，因此综合起来显得更加复杂。”

我花了几天时间尝试弄清楚内容策略如何才能有效地支撑起一个模糊的愿景，在这个思考的过程中，笔帽都被我咬碎了。幸运的是，出版社同意先退一步，在制定内容策略之前先定义内容愿景。从那时起，我开始研究和验证内容愿景。在最近的一项研究中我们发现，在取得成功的内容团队中，有73%的团队定义了内容愿景，并且获得了对内容愿景的认可。我希望能拯救你和你的笔帽，免受和我一样的压力。

内容愿景六要素

我将自己的经验，以及我和许多内容专业人士讨论的结果相结合，得出了几个能使内容愿景运作良好的重要元素：

- 生动（Vivid）。
- 鼓舞人心（Inspirational）。
- 有意义（Significant）。
- 感染力（Infectious）。
- 与众不同（Out of the Ordinary）。
- 北极星（North Star）。

生动

我发现内容规划既可以是极其抽象与概念性的，也可以是极其策略性的，但是这两种都很难进行可视化的描绘。如果能够被描述，能够让你的团队、公司高管以及干系人都轻松理解，甚至能够可视化地呈现出来，那么你的内容愿景将能从中受益。

描述内容愿景的出发点之一是将你的内容视为值得信赖的顾问（图3.1）。例如，如果你在食品和饮料行业工作，那么可以从充满热情的厨师或极具健康意识的营养学家的角度出发，对内容愿景加以描述。

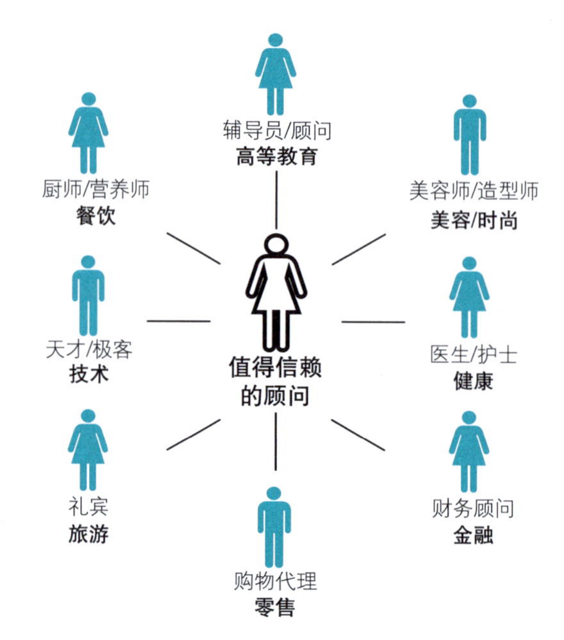

图3.1：从值得信赖的顾问的角度来描述内容愿景

不过，这并不是说一定要用上面的方式来描述内容愿景。以下是我与客户合作制定的内容愿景摘要：

- 专为足部健康和舒适打造的运动品。
- 连接人与知识的枢纽。
- 融入会员日常工作流程的世界级投资媒体。
- 内容研究领域的《哈佛商业评论》。
- 足部健康方面的 Sanjay Gupta。[①]

这些描述都是有效的。你的描述可能会有所不同，但重要的是让它足够生动，并且能让人们立刻在脑海中浮现出来。

鼓舞人心且有意义

你的愿景既不应该是防止打字错误，也不应该是制作更多的视频。对于你的组织和团队来说，你的愿景应该是有意义的、充满雄心壮志的，以及能激发大家为之

① Sanjay Gupta是知名的神经外科医师，同时也是一名医疗记者，服务于CNN。——译者注

付出更多努力的未来目标。

举个例子，对于在内容科学公司工作的我们来说，特别是我，维护公司的博客并不能激励我们有出色的表现。然而，“成为内容领域的《哈佛商业评论》”却能够激励我们不断努力。于是，我们将博客改造成名为《内容科学评论》的在线杂志。几个月之后，我们就超额完成了最初设定的访问量目标，还赢得了一些奖项。现在，我们不仅发表自己对各类主题及研究的深入见解，同时也接受来自全球各大领先公司的投稿，例如阿里巴巴、邓白氏（Dun and Bradstreet）、WebMD、可口可乐、Airbnb等。如果你在一年前告诉我，我们会如此迅速地取得成功，我做梦都能笑醒。我想说的是，一个能够鼓舞人心且有意义的内容愿景，可以帮助你达成超出预期的结果。

具有感染力且与众不同

你需要努力使自己的内容愿景成为一种易于捕捉的独特想法。在理想状态下，你的内容愿景应当是一个让组织内部（甚至组织外部）的人都能够快速理解并积极讨论的概念。举个例子，当万豪宣布其新组建了内容工作室时，这个消息也预示着这个以酒店著称的品牌正在寻求成为“旅游和住宿业的红牛”。这样说是什么意思呢？红牛在很早的时候就很注重内容，并围绕着能够迅速引爆肾上腺素的极限运动、活动及赛事，如极限山地自行车等，建立起一系列独特的媒体。在这个过程中，红牛收获了一批忠实客户，并开始意识到自己不仅仅是一个饮料制造商，同时也是一家媒体公司。万豪表露出它对待内容也有着同样的雄心。在酒店行业里，万豪的愿景毫无疑问是非常大胆且独一无二的，并且随之很快流行起来，甚至赢得了综艺杂志*Variety*的关注。

北极星

最后，请你把内容愿景想象成北极星。除了做出疯狂的改变与必要的努力，在达成愿景前所必经的迷雾中，请将愿景视为你前行的灯塔。当干系人或团队成员质疑时，或者提议与内容策略及路线图不相符的活动时，你可以用内容愿景将他们带回正确的道路上。

举个例子，Carrie Hane在美国土木工程师协会主导了一次网站转型计划，其中包括内容转型。在我和她的交谈中，我们聊到了她成功的秘诀。她自创了一个令我忍俊不禁的词：战略性唠叨。这是什么意思呢？就是要不断提醒每个人他们的目标和关注点是什么，这是非常重要的。因此，内容愿景是指明方向的北极星，它能够帮助你进行“战略性唠叨”，直到愿景成为现实。

除了考虑这六个要素，您还可以采取措施获取并巩固对内容愿景的支持。

如何使内容愿景具体化

某个组织的内容愿景极有可能涉及多个人，就如之前提到的出版商的例子那样。你可以采取措施让更多人参与进来，使愿景具体化。

举办内容愿景研讨会

在规划过程的早期组织一场研讨会。这场研讨会的目的是探索并定义愿景。也许你们通过这场研讨会也无法达成最终愿景，但这没关系，你需要做的是调和主要分歧。那些对内容的潜力认识有限的人，将通过这次研讨会看到更多令人欣喜的可能性；而那些认为内容将会大有作为的人，则会通过研讨会意识到让内容落地所需做的努力和变革。在研讨会上达成的一致信念，将激励所有人从一开始就全力支持内容工作。

邀请谁

邀请内容领导者。内容的领导者可以是组织内的经理或高管，也可以是没有正式领导职务，但在思想和影响力方面是实际内容领导者的人。

同时，还需要考虑邀请那些能够最终对内容提供支持的领导者们，具体邀请谁取决于组织架构，他们可能来自市场部、设计部、产品部、客户体验部，甚至技术部。

怎么做

我通常会通过一到两个小时的活动来了解人们对当前的看法以及对未来的期望。以下是一些能够帮助你推进研讨会以及后续讨论的问题，当然，你可能还会想到其他类似的问题。

- 哪三个词能够准确定义现在的内容？为什么？
- 哪三个词能够定义一到两年后你所想要的内容？为什么？
- 举三个你认为是优秀内容的例子，并说明为什么优秀。
- 你认为我们的内容运营成熟度层级是怎么样的？为什么？

如果你关注特定情况下的内容，例如特定的人、渠道或产品，那么你可以根据情况相应地调整活动。

在回答完这些问题之后，我喜欢花一个小时的时间来回顾有效内容愿景的各项要素，然后共同定义出内容愿景的声明：

在 x 时间内，我们的内容将会是 y。

例如，在一年内，我们的博客将会成为内容领域的《哈佛商业评论》，为从事内容相关工作的专业人士提供灵感、研究结果以及实用建议。

尽管这份声明不一定是最终版本，但它至少应该是迈向明确内容方向的重要一步。如果参会者遇到困难止步不前，你可以向他们提供一些使用技巧。我最喜欢的一个技巧是从完全不同的行业中选取一个优秀的内容示例，并将其应用到当前的内容中。万豪就是这样做的——有志成为“旅游业的红牛”。

当参会人员较多时，你可以将其分成三到四个小组，分别进行以上活动，然后再让大家回到一个大组中进行讨论。

重新定义并阐述愿景

研讨会结束后，如果需要的话，你可以重新定义愿景声明，让它更符合之前提到的六个要素的标准。在沟通过程中，可以考虑通过可视化的形式展现愿景，如图3.2所示。你可以使用研讨会中讨论过的鼓舞人心的示例来做视图，你甚至可以画一个具有前瞻性的早期概念草图。如果在这个过程中你自己定义了一个概念，请务必向大家澄清，这仅仅是一个概念而不是最终方案，否则干系人可能会因为概念中的文字和其他细节信息而分散注意力。

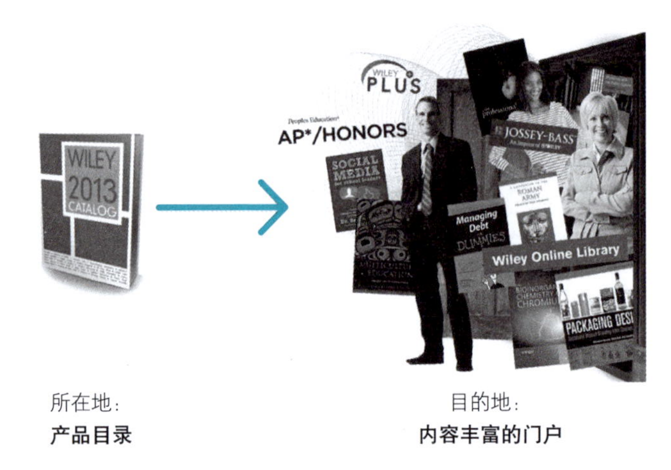

图3.2：一个简单的描述现有内容（左）新愿景的可视化示例（右）

给你的愿景来一场路演

如果你就职的是一家大型组织，那么请给你的愿景来一场路演。与你的上级、团队及干系人一起开个会，他们中的大多数人应该已经在研讨会上讨论了内容愿景如何更新。这项工作能够向大家证明，他们的反馈已经被听取并受到了足够重视。这一点非常重要，没有什么比看到自己的努力卓有成效而更受激励了。

除此之外，这些讨论不仅能使愿景不断被完善，还能引出一些问题，这些问题将有助于你做出计划的其他部分。例如，我曾经工作过的一家大型公司制定的内容愿景高度依赖于个性化，这就引出了一个重要的问题：哪些用户数据能够驱动这个愿景？尽早引出这一类问题，可以让公司在内容分析过程中就将它们考虑进来，下一章我会深入讨论这个话题。也许你的愿景和引出的问题会有所差异，但早点提出问题总是有好处的。

卓有成效的内容并不是从策略开始的，而是从清晰、雄心勃勃又非常独特的愿景开始的。如果你花些时间定义了内容愿景，那么在明年此刻，当你回顾思考时，会惊讶地发现："哇，我们取得的成绩远远超出了我们最初的设想。"现在，我们将视线从思考未来转向对当前状况的分析和了解上。

4 分析内容、客户与上下文

了解自己当前的处境，并为之谋划正确的改变方向。

改变带来机遇。同时，改变令人困惑。

——Michael Porter

你阻止不了改变，就像你阻止不了太阳落山一样。

——Shmi Skywalker

在第3章中，我们展望了内容的未来愿景。现在，让我们思考一下为什么以及如何评估当前的内容。

为什么要分析现状

在没有分析现状的时候，请不要轻易为你的内容策略提出建议或者做出决定。在很多时候，公司会质疑这种分析的必要性，特别是在急于做出重大改变或者手头没有太多内容的时候。也许你也会对这种分析的必要性产生怀疑，或者你确信这样做是有意义的。但不管怎样，你需要直面“分析现状是否有必要”这个问题。下面将分享几个理由，来说明你的组织为什么需要进行这样的分析。

避免内容策略失败

如果让我总结企业在内容方面失败的首要原因，那么我会说是因为它们对自身内容状况没有清晰的认识，因而无法为策略的制定提供支持。例如，我曾经与一家在线零售商合作过，它们在尝试做思想领导力方面的内容，或者能够引导潜在及现有客户的内容。在尝试失败后，它们联系了我。这家公司认为，既然它们懂得如何开发优秀的销售内容，它们应该也能创造出绝妙的思想领导力方面的内容。在分析过程中我们发现，客户觉得它们关于思想领导力的内容过于咄咄逼人，而且过于专注在提升销量上。如果能在一开始就仔细分析自身情况，那么这样的失误与涉及数百个内容的改造是完全可以避免的。

如果内容干系人都持有截然不同甚至相互冲突的观点，那么企业通常会被内容卓越的错觉或内容失败的错觉（或者同时被两种错觉）所影响。这些错觉足以导致内容策略的失败。

内容卓越的错觉

公司或公司内部的团队有时会抱着乐观的态度来看待现有的内容，会过度地高估这些内容的重要性或有效性。比如，有些公司对平庸的企业博客的热衷程度令人吃惊。惰性使然，人们往往愿意维持现状，而非做出改变。因此他们会变得墨守成规。

由此延伸出的是关于内容容量的错觉。公司高管们不断地高估他们在不对内容运营做出改变（例如，聘请合适的人员或改进流程）的情况下，长期执行复杂的内容策略的能力。内容团队也感受到了这种错觉带来的痛苦。2017年，内容科学公司在对内容运营的一项研究中发现，53%的参与者（内容团队负责人和成员）表示他们并不知道公司在内容方面的预算是多少。一家公司如何能在不了解现有预算和计划变更的情况下，实事求是地规划出内容的新策略?

虽然产生强烈的内容卓越的错觉会导致内容决策失误，但产生轻微的内容卓越的错觉反而可能会对公司发展有所帮助。研究表明，一段婚姻能够长久且成功的一个关键秘诀就是，轻微地夸大配偶的魅力。这个轻微却不过分的错觉，能够帮助我们掩盖那些微小的不足，让我们在困难中继续努力并坚持下去。同样地，如果企业对某些现有的内容有好感，则更有可能会在接下来的时间里不断地维护和提升它。

但有的时候，企业遭受的是一种与此截然相反的错觉：内容失败的错觉。

内容失败的错觉

我偶尔会遇到这样的情况，即某个组织或其内部团队把它们的内容想得比实际情况糟糕得多，并且希望推倒一切重新开始。但通常来说，即使是那些看起来表现不佳的内容，我们也是可以从中获得一些借鉴和教训的。举个例子，在之前提到的在线零售商的案例中，我们发现那些思想领导力内容所涵盖的主题其实是正确的，也是客户感兴趣的且尚未被竞争对手的内容涵盖的主题。因此，这类组织的策略应该侧重于调整思想领导力的基调和写作方式，而不是推翻重来。

除了对内容情况进行合理分析，再没有什么方法能够纠正这些错觉了。我还从未见过100%“好”或者100%“坏”的内容。一般来说，你看到的内容都是意料之中和意料之外的优缺点的集合体。

改变之前，请先让你的团队与干系人达成一致

无论你的公司是否存在上述两种错觉，你都可以从内容分析开始，从而让内容团队和干系人达成一致。让干系人参与分析过程并共享结果，这样每个人都能对当

前状态建立共识。当内容团队与干系人就当前状态达成一致意见时，接下来要做出的改变就更容易获得他们的支持。

设置一个“之前”的基准

事实胜于雄辩，没有什么比明确的前后效果对比更能说服人了。对现状的分析能够为你提供很多“之前”的基准，例如，内容的有效性、内容运营的成熟度，甚至包括内容资产的数量，这些基准将为精彩的前后案例对比奠定基础。举个例子，2015年Scott Rosenberg在英特尔进行内容整合工作，其中包括：

- 12 500 个英特尔官方网站网页。
- 715 个微型站点。
- 38 个手机应用。

这一基准帮助Rosenberg有效地记录和沟通进展，使其在不到一年的时间里整合了1500个网页。这一进展帮助他在众多企业中保持了变革的势头。

揭示实施计划及估算的细节

当你进行全面分析时，你所记录下来的信息不仅能够影响内容策略，而且还有助于制订实施和执行的计划。我发现内容资产与电影《小魔怪》（*Gremlins*）中的mogwai很相似：如果不按照规则来照料mogwai，它们就会成倍地增加，然后开始为所欲为。同样地，如果公司没有形成创建和管理内容资产的策略及最佳实践，那么内容数量将会不受控制地激增。这样造成的后果就是，大多数组织拥有比它们想象的还要多得多的内容资产。

只是简单地知道你拥有的内容及其关键特征（比如它的格式），是无法对活动（比如将内容迁移到一个新的平台）做出准确的估计的。举个例子，迁移50 000份资源与迁移150 000份资源所要做的事情是存在明显差异的。

另外一个例子是，了解当前内容的质量等级可以帮助你计划内容需要整改的程度，以及完成这样的整改需要付出多少努力。改变产品的价值主张和给产品换个新名字，这两者所需付出的努力是无法相提并论的。

建立一套持续的内容智能化系统，让自己解放出来

如果你很清楚内容分析的方法，那么你可以使用这些方法以及数据源建立一套内容智能化系统。我将在第四部分“审慎：推动内容智能化”进行深入说明。我的观点是，对于很多公司来说，进行内容分析需要涉及大量资金、启动工作和繁杂而乏味的劳动——尤其是对于近期没有做过或从未进行过内容分析的公司和团队。而建立内容智能化系统能为你提供可重复利用的价值，有了这样的系统，想要获得关于内容的深刻理解，或许只需要几小时或者几天，而不是几周了。

我希望到目前为止你已经明白为什么内容分析非常重要了。现在，让我们来看看如何做吧。

如何进行现状分析

当你在进行内容现状的分析时，请重点关注三个C：内容（Content）、客户（Customer）及上下文（Context），参见图4.1。

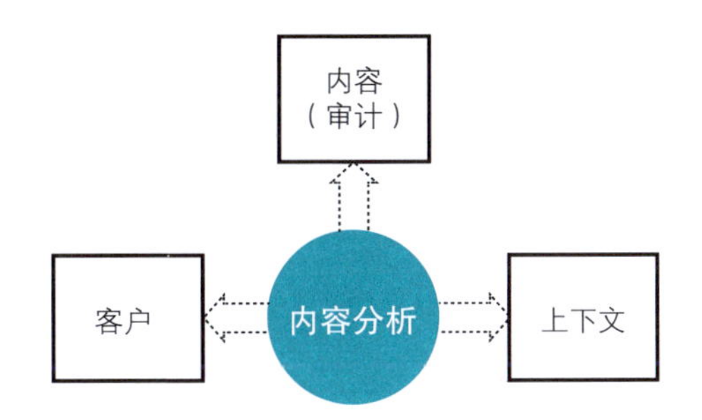

图4.1：分析你的内容、客户和上下文

有些人可能会告诉你，做内容分析或者审计只需要几小时而已，特别是当他们试图向你提供这种服务时。千万别上当！我曾经参与和监督过几百次的内容分析工作，如果你近期没有分析过你的内容、客户或者上下文，那么内容分析或审计至少需要一周到三周的时间。对于大型公司和企业来说，这项工作至少需要四周以上的时间。

现在你对内容分析所需要的时间有一个相对真实的认识了。下面再介绍几种常用

的分析方法，帮助你形成自己的分析路径。

内容审计

正如你猜测的那样，内容审计是对现有内容的仔细检查。你也可以在审计中加入一些原始资料，比如图书、宣传册或者其他能够为你的网站和其他触点的内容提供有用的材料。内容审计通常从内容清单开始。

清单

汇总一份包括网页、图像、文档、视频、组件等在内的内容资产列表及详细介绍的清单，正是这些资产构建了你的网站或者数字化体验。或许你可以轻松地从你的内容管理系统里导出这份清单。但在更多的情况下，特别是当你面对大型网站或者数字化体验时，你需要自己汇集包含如下内容的清单：

- 一个网络爬虫工具，例如，CAT（Content Analysis Tool）或者 ScreamingFrog。
- 一份来自内容管理系统、数字资产管理系统或者技术平台的报告。
- 一份分析工具（例如，谷歌 Analytics）得出的报告。
- 人工审查。

你可以在电子表格中汇总并追踪内容的关键特征，这些特征包含但不限于以下几点：

- 格式（如图像或视频）或者类型（如文章或报告）。
- 涵盖的主题。
- 大小。
- 长度，如字符数。
- 与当前资产相关的元数据，例如，标题和标签。

对于大多数公司来说，完成这份清单的过程本身就是一次很有价值的练习，能够帮助它们了解其内容的范围和特征。同时，请考虑生成一份报告或者仪表盘来总结你洞察出来的结论（图4.2）。

调查结果

内容分析

企业为不同的受众提供不同的内容量。
基本的内容类型、主题与顶级用户的需求是一致的。

内容量

我们审查了一个有代表性的内容样本，在每个网站的架构中，最多有三个层次。如样本大小所示，目前Respironics公司的内容最多。

企业网站	内容样本大小
Respironics	227个模块
HeartStart	172个模块
Lifeline	120个模块
INR（RPM的一部分）	77个模块
Remote Patient Monitoring（RPM）	40个模块
Telehealth	18个模块

内容类型

Respironics和HeartStart企业的内容类型是最多样化的。所有业务中最常见的内容类型包括：

- 链接/菜单/网关
- 概述
- 促销/行动指引
- 联系方式
- 优势
- 性能
- 评价

这些类型符合用户的内容需求。

目标受众

内容的目标受众主要包括企业受众和消费者受众。

企业网站	消费者受众
Respironics	Heartstart
Remote Patient Monitoring（RPM）	Lifeline
Telehealth	INR（RPM的一部分）

内容主题

与其他企业相比，Respironics企业拥有更多企业方面的内容，包括品牌建立、公共关系等。还有一些企业，如Lifeline，在健康状况方面提供了简要的内容。跨企业通用的内容主题包括：

- 产品/服务
- 企业
- 教育/培训
- 支持/客户服务

这些主题符合用户的内容需求。

图4.2：内容清单中总结的结论示例

有了这样一份资产清单之后，你就可以对内容进行定量和定性的审计了。

定量审计：内容的效果

根据我的经验，最有效的定量审计是效果审计。如果你对分析数字或者复杂问题并不在行，那么我建议你找一位经验丰富的内容或者网站分析师来帮助你完成这项审计工作。将分析结果汇总到你的内容清单里，有助于你了解内容的效果。我在表4.1中列出了如下几个例子。

表 4.1　内容清单分析

内容目的或类型	内容效果数据示例
内容营销中心/博客/杂志	■ 覆盖面：网页浏览量和文档下载量 ■ 参与：回访者和订阅者 ■ 参与：每次阅览的综合浏览量
销售内容	■ 覆盖面：网页浏览量和文档下载量 ■ 参与：回访者 ■ 转换：添加到购物车 / 购买 / 请求信息
支持内容	■ 覆盖面：网页浏览量和文档下载量 ■ 参与：回访者 ■ 期望的转换：自助完成，例如在线支付账单 ■ 不期望的转换：来电或其他不希望发生的行为
内容/媒体产品	■ 覆盖面：网页浏览量和文档下载量 ■ 参与：回访者和订阅者 ■ 参与：每次阅览的综合浏览量

定量数据的常见来源是你的分析工具、内容管理系统和社交媒体管理工具。（第四部分会更详细地讲述能够帮你深入了解内容效果的数据源）收集完数据之后，你可以对它们进行排序和过滤，以确定哪些内容相对有效、哪些内容效果不佳。

以我的经验来看，这样分析得到的结果通常比较符合帕累托原则（Pareto principle），即80/20法则。一般来说，20%~40%的内容会带来60%~80%的效果。在内容科学公司，我们倾向与一个组织合作，确定其可接受的效果阈值，并借助这个阈值来确认哪些内容可以删除或移走，还可以推算出删除或移走这些内容对效果（例如，流量）的影响。

效果审计完成后，你可能会得到一个相当复杂却又非常有用的电子表格，但并不是每个干系人或者高管都会详细地阅读它（在过去的五年中，我遇到的认真对待这些基本数据的高管们越来越多了，所以我推测在接下来的五年，越来越多的公司会变成数字驱动型公司。而现在就在做这些工作的你将会成为其中的领先者）。因此，请考虑准备一份报告或者仪表盘来总结通过审计洞见的结论。在

图4.3中，可以看到正是这一小部分内容在驱动绩效，而且揭示了许多让内容变得更为精简的可能。

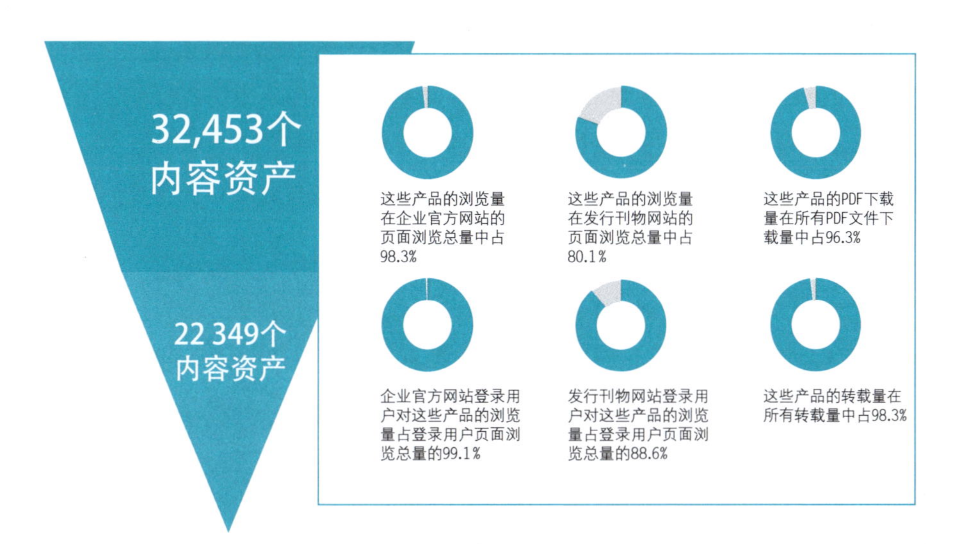

图4.3：效果审计得到的结论示例

一份量化清单和效果审计报告能够让你对拥有的内容及其效果有很好的了解；一份定性审计可以为洞见的结论补充更多细节。让我们来了解两种有效的方法。

定性审计：内容质量

对内容质量进行评估有助于我们了解内容的实际效果、客户对内容的看法，以及内容是否满足公司对用户体验、品牌形象、易用性、合规性等方面的要求。

这个流程非常直观。

1. 选取一份内容示例。

2. 选取你的评估标准。

3. 评估这份示例，也可以请内容专家来评估它。

4. 如有必要，确定需要进一步评估的领域。

5. 总结并分享你洞见的结论。

选取内容示例

阅读内容和品尝食物在很多方面是相似的。Miguel Cervantes在《堂吉诃德》（*Don Quixote*）中写道："布丁好不好吃，吃了才知道。尝一小口就能知道整个布丁的味道了。"同样地，如果你正在处理大量的内容，你可以通过对少量示例的评估来获得关于整体内容的见解。要选取具有代表性的示例进行评估，我推荐在常见示例和关键示例中选取20%的内容进行评估（例如，为具有高优先级的产品或服务提供销售支持的内容）。这种抽样方式不仅非常直观，而且是以定性研究方法论为科学依据的。

此外，内容的定量效果审计可以帮助你更好地选取示例。例如，你可以研究那些效果极好的内容，以了解它们取得成功的原因；也可以研究那些效果极差的内容，以估算它们的提升空间有多大，或者是否应该直接删除或归档。

选取评估标准

评估标准可以是灵活的，并且对你来说需要聚焦在重要的方面。例如，你可以使评估标准保持简单化，并聚焦于标明哪些内容可以维持现状、哪些内容需要修改并保留、哪些内容需要删除或归档。你还可以添加更多细节来获得更多的信息，假设让内容反映品牌形象对你的营销和用户体验策略是至关重要的，那么你可以在评估标准中添加品牌形象这一要素，并标明哪些内容能够反映出你的品牌格调、哪些与此毫无关系。

为帮助你更好地选取评估标准，《内容科学评论》提供了免费的内容质量检查清单，网址见链接4.1。这个检查清单涵盖了一系列平时可能会用到的评估标准。

评估示例并分享洞见的结论

没有谁能比一位经验丰富的内容专家更深入地观察内容并将结果总结出来了。内容专家，如内容策略师、内容营销人员或内容设计师，比其他任何人都能更迅速地发现哪些最佳实践被应用了、哪些被错过了。

审计的记录会以电子表格的形式呈现出来，将它们总结并分享出来是很重要的。例如，图4.4展示了在定性审计中识别出的几个优先级最高的机会点。

移动网站影响力审计摘要

特性	问题或机会	示例
有意义的	•主页的品牌被PCR iPhone应用程序的大广告遮住了（参见示例） •与移动网站相比，主页上的下载PCR iPhone应用程序的促销活动并未体现出特别的好处，毕竟大多数品牌的应用程序都是免费的 •照片描述过于简单，没有指出酒店的亮点或优势	Find and Book a Hotel View / Cancel Reservation PRIORITYCLUB Sign In DOWNLOAD THE FREE
相关的	•推广相关品牌的智能手机应用程序应该比推广PCR更合适	
可信的	•不了解IHG品牌的客户可能会认为主页品牌与IHG整体品牌未保持一致	
可操作的	•需要更详细的指导来帮助客户理解错误提示信息，并采取适当的行动（参见示例）。右边示例中的信息可以更具体一些，例如"请检查您的预定日期。您的退房日期不能晚于您的入住日期 •在主页上，PCR应用程序的广告比链接预订或管理预订的按钮更大、更突出，因此它看起来更像主要操作，喧宾夺主	Check-out date should be after Check-in date. Check-out date cannot be in the past. Destination Check-In Date 21 October 2012 Check-Out Date

图4.4：定性内容审计的记录示例摘要

定性审计：发现与内容相关的自动化操作

如今，许多公司每时每刻都面临着需要在合适的时间向合适的人交付合适内容的巨大压力，一些聪明的公司正在寻找内容运营自动化的机会（我会在第五部分详细介绍这个趋势）。因此，对于大型的公司或组织来说，我强烈建议它们重新审视自己的内容，寻找实现内容创建、交付，以及维护工作自动化的机会。

我曾经负责一家大型金融服务公司的内容分析工作。在审计过程中我们注意到，在不同的渠道和触点上（例如，客户网站、顾问网站、白皮书、可下载的宣传册等），公司对产品和服务的描述内容略有不同。这样做有一个弊端，那就是每次在产品描述发生变化时，公司都必须在所有渠道和触点上进行手动更新，这可不是一个高效的处理方式。我们指出了实现自动交付和自动维护这些描述的可能性：如果这家金融服务公司创建了单一的描述来源，这些描述就可以自动传递并更新到各个渠道和触点中。

与评估内容质量一样，在内容策略师或内容工程师这样的内容专家的帮助下，公司将能够更快速、更准确地评估内容自动化的潜力。这些专家通常会寻找有如下特征的内容：

- 相似的但交付地点不同的内容（如刚刚提到的产品和服务描述）。这可能是一个将多个版本的内容整合为一个可重复使用的版本的机会。
- 能够受益于个性化订制或者个性化交付的内容。这与奈飞的个性化内容交付或者亚马逊的个性化推荐并无不同。
- 可以动态创建或编辑的内容，例如，利用文章的标题和元数据来描述文章的广告。

以上仅仅是几个小例子。

要对内容做准确分析，就需要创建内容清单，然后对它进行定量和定性的评估，从中洞见的结论能使你在制订内容计划时看得更远。不过这还不够，你还需要分析客户的需求和认知。

客户需求和认知

正如我们在第2章中所讨论的，你的客户（或用户、受众）迫切希望你的内容能够满足他们的需求，他们对你的公司、品牌形象、产品和内容都有一定的认知。了解用户的想法能够在以下方面帮助你：

- 进一步理解为什么当前内容的效果是这样的。
- 获得从策略层面改进内容的思路。

下面让我们通过三种方法来更好地了解用户的需求和他们对内容的认知。

更新用户旅程地图和画像

如果你的公司还没有依据可靠的研究来创建用户旅程地图或画像，那么应当尽快开始。如果你需要创建它们，我强烈推荐阅读以下几本书：

- *Mapping Experiences: A Complete Guide to Creating Value through Journeys, Blueprints, and Diagrams*，作者 James Kalbach。
- *Jobs to Be Done*，作者 Stephen Wunker、Jessica Wattman、David Farber。
- *Letting Go of the Words: Writing Web Content That Works*，作者 Janice Redish。

在理想情况下，每个主要的用户类型都应有一份用户旅程地图。图4.5中的用户旅程地图涵盖了学生运动员的使用旅程，这是美国佐治亚州亚特兰大市的Rack运动训练中心的重要用户类型之一。

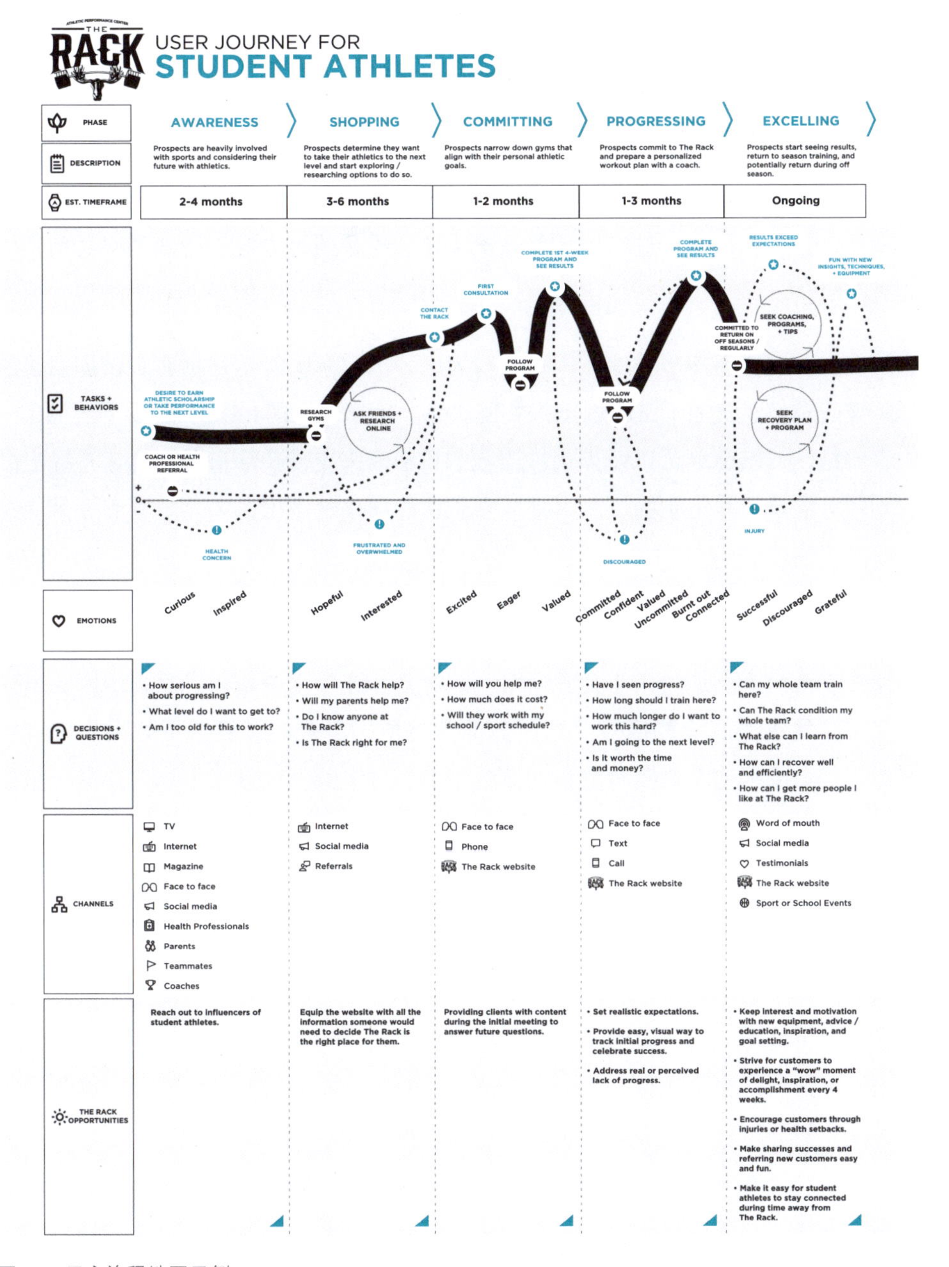

图4.5：用户旅程地图示例

为确保你的用户旅程地图对于内容计划来说是有用的，你可以根据以下步骤进行更新或改进。

- 不要局限在用户任务上；要添加用户问题和决策。

  在数字世界里，人们喜欢研究用户行为。市场营销人员希望通过研究用户行为实现用户转化，设计师希望通过研究用户行为成功实现目标。因此，任务（行为）流程是用户旅程地图的基础也就不足为奇了。

  我不否认行为的重要性，但我不认同行为代表一切。在某个人采取行动之前、期间、之后，用户会进行思考并做出决定。这是通过内容去影响和引导用户的难得机会。

  那么，如何在用户旅程地图中捕获行为之外的信息呢？这包括客户试图回答的关键问题，以及他们试图做出的关键决策。比如，在图4.5所示的例子里包含一个问题，“Rack能否以及如何按照我的日程表来安排实际日程？”客户提出的问题可能是千差万别的，及时捕获它们将能够确保产出的内容是着眼于解决这些问题的。

- 建立在特定用户情绪的高、低点上。

  用户在使用产品的过程中会有情绪上的波动。通常来说，用户旅程地图会将这些情绪呈现为高峰和低谷。这当然非常重要，但是为了能够更好地为内容服务，用户旅程地图需要有更多的情感细节。这些额外的信息可以汇总成一张简单的列表，列出每段用户旅程中的用户情绪。

  这些细节信息如何对内容起到帮助作用呢？通过提供与话题、优先级和论调相关的线索。试想一下，你正在准备一场从美国到非洲的旅行，需要上网查找关于疫苗接种的相关信息。你在疾病控制与预防中心的网站上看到它们列出了一长串的可打疫苗清单。你马上感到了焦虑，因为你不喜欢打针和在诊所里的长时间等待。现在再试想一下，疾病控制与预防中心提供什么内容能缓解你的焦虑呢？例如，除提供一份冗长清单之外，再详细解释一下，到该地区旅行的大多数旅行者仅需要接种其中一两种疫苗即可，除非你要去访问偏远地区或农场。当然，这里只是举了一个简单的例子。

你的用户所产生的情绪当然会不同于上面例子中提到的情绪，但是在用户旅程地图的不同阶段，通过分析用户情绪来激发内容灵感的机会是类似的。如果不能准确识别用户旅程地图中的特定情绪状态，你将无法充分利用这一机会。

- 追踪用户旅程地图中的各种渠道和触点。

  在碎片化的数字世界里，用户、客户与我们交互的渠道不止网站这一种。如果你的用户旅程地图忽略了这一事实，那么它们对内容的帮助将非常有限，有时甚至会带来困惑。回忆一下在第2章中提到的Burn动感单车工作室，它使用了从网站到终端，再到数字显示屏以及电子邮件等的多种渠道的触点。

  当你了解你的用户在不同阶段喜欢的或者可以使用的渠道之后，你就可以轻松地识别出更多的机会了，如：

- 跨渠道重复使用内容。
- 对优先渠道的内容进行优化。
- 在用户旅程地图的各个阶段更加有效地发布内容。

  有这样一个例子，一家关注美国汽车行业的媒体公司决定，公司将更好地支持顾客购买汽车的旅程。这家公司将顾客萌发购车意愿的环节称为“梦想”阶段，并回顾了自己做过的用户调查，以及当前美国千禧一代在购车方面的关注点的发展趋势。公司意识到，在“梦想”阶段，如Pinterest和Instagram这类以视觉为导向的社交媒体可以发挥举足轻重的作用。当有了这种清晰认识之后，这家媒体公司就能够很好地制定这一阶段的内容策略和社交媒体策略了。

不要让你的用户旅程地图变得华而不实。可以尝试如下的建议，它们对制订内容计划很有帮助。

内容映射

当你充分了解用户旅程和现有内容（源材料）之后，你可以将现有内容映射到用户旅程的不同阶段。这个过程能够帮助你了解如下事项：

- 哪些现有内容是满足用户需求，或需要稍做改变便能满足用户需求的。

- 客户需求与现有内容之间的差距有哪些。
- 是否有重合或冗余的内容，比如为了强调某一个用户需求或触点而产生的过多内容。

你可以独自完成这个映射过程，也可以将其变成一个让团队成员和干系人都参与的小组活动。如果采用小组活动的形式，那么需要尽早与团队成员沟通，让他们了解内容的现状。与其将结果告诉团队成员，还不如让他们参与到发现当前状态的过程中，这可比读报告有意思多了。

如果你已经决定采用小组活动的形式来做内容映射，那么我建议按照以下步骤来实施：

1. 打印内容清单。如果你有很多内容，可以将它们分类（比如故障排除类文章），或者开展一系列的小组活动，直到所有内容都被涵盖进来。

2. 准备一个白板或者一个画架，将用户旅程的主要阶段画上去。

3. 为小组成员提供内容清单的列表、便利贴和记号笔。

4. 让参与者相互协作，把清单上的项目写在便利贴上，然后贴在白板或者画架上。如果有很多参与者，你也可以将他们分成三到四人的小组进行协作（图4.6）。

5. 在参与者完成内容映射之后，你可以引导大家就差距、重叠和那些不合适的内容进行讨论。

图4.6：通过小组协作将内容映射到用户旅程的不同阶段，评估内容有效性

评估内容有效性

我和内容科学团队一起开发了一个关于内容有效性的分析领域，即客户认为内容的有效程度是怎样的。这样的分析能够揭示内容为什么对你的客户产生影响，以及它是如何产生影响的。我对此方法信心十足，因为它是我们基于对内容可信度和可靠性的研究来开发的，重点关注人们如何看待内容。

为何我如此关注客户对于内容的看法呢？因为“客户就是你的上帝”。客户对内容的看法受到他们的信仰、情感、教育及其他因素的影响，而他们对内容的看法将驱动他们的行为。你无法直接改变客户的行为，比如，不去管理和影响他们的看法，就尝试说服他们使用你的自助服务内容，这基本上是不可能的。但是，我们有很大的机会通过改变内容来影响客户。

我们通过研究提炼出了能够影响内容有效性的六个要素（表4.2），这些要素是从我们收集的面向超过15万人的研究信息中概括得出的。

表 4.2 内容有效性的六要素

分类	问题
可发现性/可检索性	内容是否容易被检索
润色	内容的格式和风格看上去是否上档次
准确性	内容是否准确且是最新的
有用性	内容是否有用或有帮助
相关性/意义	内容是否相互关联且有意义
影响力/可说服性	内容是否有助于完成目标或做出决定

内容科学团队开发了一个叫作ContentWRX的工具，用来提升这项评估中从收集数据到给内容有效性打分的自动化的程度。你还可以通过收集和查看以下类型的数据来进行此项评估。

- **客户数据之声**：在问卷或民意调查中提及的内容；客户对内容的评价；客户在发来邮件或发起聊天时的询问；客户的电话询问。
- **倾听社交媒体**：在社交媒体或在线论坛中提及的相关内容。
- **页面分析**：了解人们在页面的哪些地方停留、点击、保存和复制等，以了解他们对内容的反应（图 4.7）。

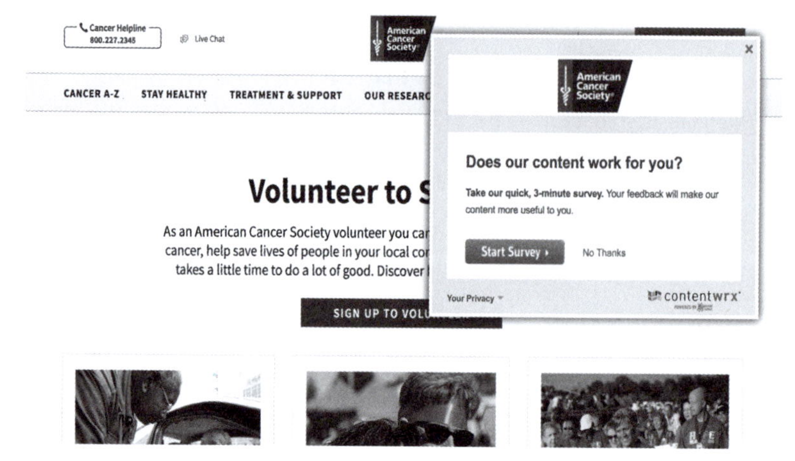

图4.7：国家癌症研究所评估某个癌症网站页面上内容的有效性

了解客户的需求和认知将有助于填补对内容分析的不足之处。另外，你也可以从有关内容和客户的上下文中获益。

上下文

作为退役的美国陆军将军和前参谋长联席会议主席，Martin Dempsey对于制定和执行策略可谓是得心应手。他曾说："就某种程度而言，策略就是预知未来的能力，但是你还需要去了解它是在何种上下文中被制定出来的。"我完全赞同这一观点。让我们来看看在制定内容策略时需要考虑的四个重要的与上下文有关的因素。

内容成熟度

让我们先将注意力集中在内容的"幕后"故事上。在与众多公司合作之后，我发现很多公司对于内容容量抱有不切实际的期望，于是内容科学团队和我开发了内容成熟度模型。图4.8展示的是最简单、应用最广泛的模型。

内容成熟度检查表

你目前处在什么层级？你的目标是什么？

内容成熟度		指标
1 试点	☐ ☐	1. 你是否成功推行过一个关于内容的活动？ 2. 你是否从内容活动中看到了效果，比如销售额或销售线索数量的增长？
2 扩大	☐ ☐ ☐	1. 你是否在组织中制定了更广泛的内容愿景？ 2. 你是否在内容投入方面获得了更多预算？ 3. 你是否将从试点阶段学到的经验教训应用到其他品牌、渠道、产品、团队或客户体验领域？
3 保持	☐ ☐ ☐	1. 你是否正在研究营销和内容自动化是如何让方法更有效的？ 2. 你是否正在建立内容指南和工具，以使你的内容方法能够被轻松和有效地重复使用？ 3. 你是否正在为评估如何实现内容策略的大目标和小指标而制订计划？
4 发展	☐ ☐ ☐	1. 你的策略是否可以持续稳定地运行，以使你可以自由地尝试新的内容方法、格式和技术？ 2. 你的团队是否有适当的流程和技术来支持敏捷性？他们能否快速地对客户关注的问题做出反应？他们能否捕捉机会，比如在超级碗橄榄球赛期间，在推特上快速地发出一个巧妙的回应？ 3. 你的评估是否显示了实现目标的进展？你是否看到了你的声誉、媒体认可度、销售额、销售线索数量、客户满意度有所提升？

我当前的层级：__________ 我的下一个目标层级：__________

图4.8：内容成熟度模型示例

如果你发现公司的内容成熟度较低，那么请振作起来，你并不是唯一有这种感觉的人。在内容运营和领导力研究中，70.9%的参与者都表达了同样的感受。从现在开始做，还为时未晚。

评估内容成熟度是另一个能增强团队和干系人参与感的活动。你可以准备一份问卷或者举办一次研讨会，以便了解你的干系人对当前内容运营现状的感受（图4.9）。

图4.9：小组协作评估内容成熟度

品牌和声誉

这个因素关注的是客户和潜在客户对公司形象及声誉的认知。当你对这些认知有了更实际的了解后，就可以更好地制定内容策略来维持或者改变这些认知了。以通用电气公司（GE）为例，该公司于2015年在内容方面做了大量工作，其品牌认知度有了显著的提升。

你公司营销部门的领导可能已经有一套追踪品牌认知度的系统了。如果没有，那么你可以进行问卷或者民意调查，来挖掘自己客户的想法和社交媒体的相关数据。

技术趋势和业务动态

正如字面意思所说，"技术趋势和业务动态"这个上下文因素会随着技术和业务趋势的变化而变化。在不久的将来，你需要认真思考技术上的领先（如应用机器学习和人工智能技术）是如何切实帮助你实现目标的。在过去看来遥不可及的内容或者商业野心，比如个性化定制和自动化，现在已变得越来越可行了。

内容全景

在客户的旅程中，内容全景[①]也是一种客户使用或者接触到的内容资源。这些内容资源也许来自你的商业竞争者，也许不是。举个例子，前文提到的在线零售商在利基健康领域，以及诸如足底筋膜炎和足后跟疼痛等话题上建立了思想领导力。就这个零售商而言，它的内容竞争者并不是其他的零售商，而是其他关于健康内容的信息源，比如WebMD、Cleveland诊所、Sharecare以及Mayo诊所。你需要在用户旅程地图中识别出潜在的、客户可能会感兴趣的内容资源。

在第5章“为胜利而战”中，你将了解更多关于如何理解并运用内容全景的相关见解。

高效的工具

在这一章中，我提到了几种能够帮助你分析内容、客户以及上下文的工具。除此之外，还有许多工具能帮助你进行分析并建立持续的内容智能化系统。在第五部分，你将获得一份与此相关的完整清单。除此之外，我也通过链接4.2提供了这些工具的列表。

通过对当前状况的全面分析，我们已经可以确定自己期待的并向未来迈进的策略和计划了。接下来，让我们把你公司的内容愿景转变为现实吧。

---

① 内容全景是指与当前内容相关且相似的其他内容的概览。——译者注

5 为胜利而战

将你的分析和愿景融合成一个可以获胜的内容策略。

策略是公司必须发生变革的起点，也是通过变革取得胜利的起点。

——Lynne Doughtie

我提议一个新的策略，R2：让伍基人获胜。

——C3PO，《星球大战》

在第4章，我们了解了如何分析现状才能为内容策略的制定提供帮助。也许现在你心中的困惑是“分析得到的这些信息对我的内容来说意味着什么呢？”我将在本章回答这个问题。首先，让我们来聊聊什么不是内容策略。

内容技巧+最佳实践≠内容策略

网球是一项始于1873年的体育运动，我可是一个忠实球迷。我不仅喜欢观看网球比赛，而且更喜欢打网球。网球让我痴迷多年的原因之一是：它是一项需要技巧、最佳实践与策略共同发挥作用的运动。你必须有一定的技巧，并且知道一些最佳实践才能打好网球。如果你不能用球拍反复地把那个毛茸茸的黄球打过球网，并且使其落到球场线以内，那么你就永远赢不了比赛。如果你拥有基于数十年经验的最佳实践，当然它们也会对你有所帮助：你可以选择高命中率的打法（在大多数情况下都是有效的打法），比如深斜线正手上旋球；你也可以选择有风险的、低命中率的打法，比如短吊扣球或直线行进的低球。这些技巧和知识可以让你在网球比赛中走得更远。如果你和一个技巧与知识都不如你多的人比赛，你很可能会赢（毫无疑问，小威廉姆斯单凭她的技巧就能打败我）。但是，要想战胜拥有类似或更多技巧和知识的对手，你还需要其他东西，比如策略。

同样地，你也可以获得一系列从基础到高级的关于内容的技巧和知识。例如，你可以使用简单的语言将文本格式化，使其便于扫描。但其他企业或组织也可以这样做。要想获胜，仅靠关于内容的最佳实践是远远不够的，你还需要关于内容的策略，简称内容策略。

那么，策略从何而来？在网球运动中，你的比赛策略在一定程度上是通过了解自己的优势和对手的劣势而制定出来的。例如，网球明星CoCo Vandeweghe的发球非常出色，她通常可以依靠这种优势赢得大多数发球局。反之，在对手发球时，这种优势也让她得以在具有进攻性的制胜球上冒更大的风险。当她面对的对手喜欢有节奏地进行长时间的拉球，并且讨厌短时间的起停战术时，Vandeweghe的策略往往会变得更加有效。

对于内容策略，通常也要考虑你的优势。让我们以第4章中提到的在线零售商为例。这家零售商销售舒适的鞋子，以及各种针对足部和腿部的损伤预防、损伤治疗和疼痛处理的相关产品，如脚跟垫、支架、足弓支撑等。换句话说，这家零售商已经确定了一个市场定位。这个市场定位对零售商来说是一个内容上的优势，因为没有其他零售商提供大量关于足部和下肢的疾病、损伤和不适的内容，甚至像WebMD、Mayo诊所和Cleveland诊所这样的主要健康信息网站也没有提供这类内容。因此，这家利基零售商与足病研究所（Podiatry Institute）合作，建立了一个对下肢健康问题极其有用且引人入胜的内容库，包括文章、小测验、幻灯片等。很快，这家利基零售商在搜索引擎排名中“击败”了其他零售商和健康信息网站。一年之内，这家零售商的自然流量增长了200%，每周销售额增长了36%。

希望你已经理解了应用内容最佳实践和构建内容策略之间的区别。接下来，我们进一步讨论如何构建一个成功的内容策略。

如何建立必胜的内容策略

我很迷恋商业策略书，我已经读过或听过这方面的很多书，大多数的图书都提供了有用的见解、建议或指导。但有一本书从中脱颖而出：*Playing to Win*。在这本上榜《华尔街日报》的畅销书中，宝洁公司首席执行官A.G. Lafley和他的战略顾问Roger Martin提供了一种方法和无数的例子来说明“战略是如何真正发挥作用的”。这两个人还提出了一组非常有价值的问题，我已经将它们进行调整和扩展，并应用到了内容中，也建议你将这些问题作为你内容策略的基础。

重复回答这五个关键问题

从根本上说，你的内容策略可以归结为解决五个主要问题（图5.1）。

注意到每个问题框上方和下方的箭头了吗？这些箭头反映了你在回答这些问题时的思考环路：你很可能会回答一些问题，然后想想后果，改改答案，然后再改改依赖于该答案的其他答案，然后……你就知道是怎么回事了。这些问题的答案是相互关联的，因此反复更改答案是正常的，也是有价值的。

让我们来看看这些核心问题以及与之相关的重要问题，以便更好地利用这些问题。

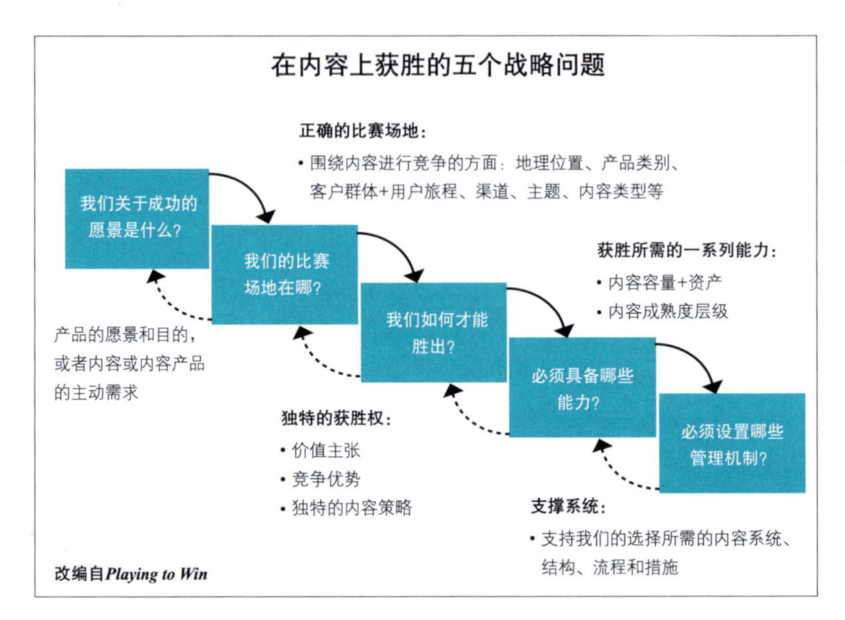

图5.1：内容策略的五个关键问题

我们关于成功的愿景是什么

正如我们在第3章中所讨论的，这个问题应该被纳入你的内容愿景及企业目标。例如，前面提到的健康零售商渴望成为下肢健康用品的首选品牌，以及成为下肢健康领域的REI[①]。这一愿景帮助零售商明确了愿望：成为一个值得信赖的顾问并以一个负责任的方式增加销量。

我们的比赛场地在哪

这个问题促使你思考正确的比赛场地——自己最有机会获胜的比赛场地。随着世界越来越依赖于数字化，我们与客户的联系也变得越来越紧密，我们有了许多潜在的可以发挥内容价值的机会。我们可以通过无数的渠道、触点和格式（比如网站、移动应用程序、社交媒体网站、印刷品、报亭和数字标牌、Alexa等语音应用程序、游戏和虚拟现实等）进行比赛。正如第4章谈到的，我们也有机会在维护客户关系的许多阶段发挥自己的作用。尽管所有比赛场地可能都很有诱惑力，但现实是你必须做出选择——即使是小威廉姆斯，也不是每一场职业网球锦标赛都会参加的。即使是亚马逊，在售前和售后仍然没有在教育顾客方面发挥很大的作

① REI是全球最大的户外用品连锁零售组织。——译者注

用，这正是成功地足部保健零售商开发的那类内容。

正如第4章所述，你所做的分析将在很大程度上帮助你回答这个问题及随后的问题。此外，当你开始回答这些问题时，你会很快意识到为什么你必须仔细选择比赛场地。

我们如何才能胜出

另一种思考该问题的角度是“是什么让我们在竞争中立于不败之地？”回答这个问题应该综合考虑你的价值主张、竞争优势和独特的内容方法。一般来说，大多数公司和组织在许多领域都有大量的专业知识，比如，如果没有医学和技术方面的专业知识，医疗技术公司就无法运转。这种专业知识是一种潜在的竞争优势，让公司能够创建更可信、更专业、更独特的内容。

另一个例子是田纳西河流域管理局（Tennessee Valley Authority，TVA），它自1933年成立以来积累了大量的视觉内容资产，从照片到视频，再到图表，这些都是大多数公司和组织无法拥有的。TVA已经欣然决定使用这些视觉资产来介绍它们的能源发电厂、环境管理方法及参与经济发展的独特教育故事，等等（图5.2）。

再举一个不同的例子。FitBit通过独特的触点（如手表和移动应用程序）与客户建立了一种特殊的关系。FitBit可以利用被我称之为“辅导时刻”的内容，即标识客户在迈向健康目标过程中的成功、失败或实现健康目标的重要里程碑。FitBit确实这样做了——它们提供即时消息来向客户提示这些时刻，并引导客户获得更深入的建议和指导（图5.3）。

当你考虑利用自己的独特优势在内容方面胜出时，请回顾你的分析并寻找你的独特标志：

- 专业知识。
- 品牌价值、特征或个性。
- 现有内容资产。
- 与客户的独特关系和触点。
- 填补竞争性内容未涉及的空白点。

此外请记住，在内容方面，你的竞争对手不仅包括你的商业竞争对手，还包括相关内容的提供者。例如，利基足部零售商不仅与其他在线鞋店竞争，还与其他提供健康内容的平台竞争。FitBit不仅与其他健身手表商竞争，还与其他提供健身、健康和性能内容的平台（比如Under Armour旗下的My Fitness Pal）竞争。

图5.2：田纳西河流域管理局拥有一个独特的视觉内容资产库

现在，让我们来讨论如何实现内容策略。

必须具备哪些能力

如果小威廉姆斯没有出色的发球能力，那么她就无法围绕发球制定比赛策略。同样地，如果你没有与内容相关的能力，就无法制定内容策略。这个问题关注的是你的内容容量和成熟度层级，甚至更多地关注你的内容资产。如果你的能力存在差距，问题就会变成“我们是否愿意缩小这些差距以执行我们的策略?”或者“我们是否需要调整策略来消除这些差距?”

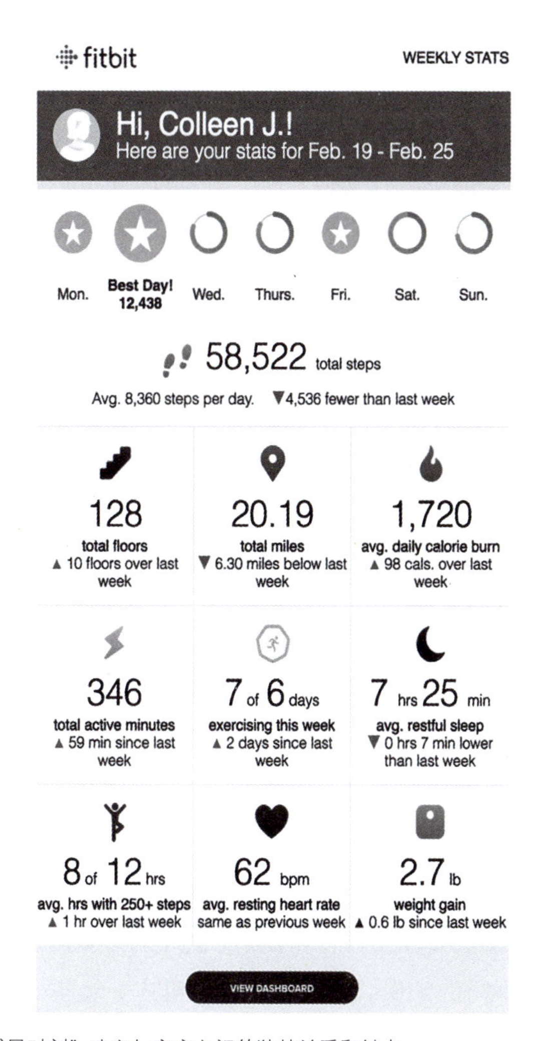

图5.3：FitBit利用“辅导时刻”建立与客户之间的独特关系和触点

例如，红牛、TD Ameritrade等公司都创建了内部工作室，能够提供丰富的编辑和教育内容。其他采用这种方式的公司包括万豪、美国运通和REI。如果你的公司不愿意这样做，那么你需要仔细考虑如何调整和适应现有的能力来实现内容策略。例如，我在与一家信用监控公司合作时，为消费者开发了一种强大的内容策略。

我们发现，尽管公司在业务的消费者端（B2C）几乎没有什么内容能力，但是在业务端（B2B）却拥有一些有用的能力。因此，我们探讨了如何使用这些能力来支持消费者内容策略。

必须设置哪些管理机制

这个问题将进一步探讨如何支持你的内容策略。请仔细考虑你拥有或将需要什么内容管理技术、管理流程和管理措施。例如，我们与一家电信和娱乐集团合作，制定个性化驱动的内容策略，比如提供高度相关的产品和内容建议。在充实策略的过程中我们发现，尽管该公司拥有大量的客户数据和一个崭新且强大的内容管理系统，但它们的系统缺乏整体性和一致性。除此之外，内容管理系统中的内容没有以正确的粒度被组织起来——内容主要由页面和文档组成，而不是由可以提取和重用的组件（或块）组成的。这家电信和娱乐公司意识到，它们必须先修复这些系统，之后才能采用它们想要的内容策略（有关更改系统的更多信息，请参见第五部分）。

除了考虑如何改变系统以支持你的内容策略，还需要考虑如何衡量内容策略成功与否，我将在第8章至第11章更深入地讨论衡量的标准。但是对于衡量内容策略影响的潜在方法，越早探索效果就越好。

当答案让你和你的团队，或者干系人都满意的时候，你就可以继续完善你的内容策略了。你可以探索选项和测试概念来进一步完善内容策略。

探索选项和测试概念

内容策略可能看起来很抽象，但我们可以进行广泛的解释。例如，成为“下肢健康领域的REI”究竟意味着什么？在你致力于某个内容策略之前，你可以开发一些概念，用来说明不同的选项，然后与客户或用户一起测试这些选项。例如，我们与利基足部健康零售商合作来测试声音、风格、主题、布局、产品销售模式等选项。我们由此得到的反馈帮助零售商确认了内容策略很可能会成功，并协助它们改进了策略。例如，测试显示，绝大多数人更喜欢友好、亲切的声音（图5.4）。

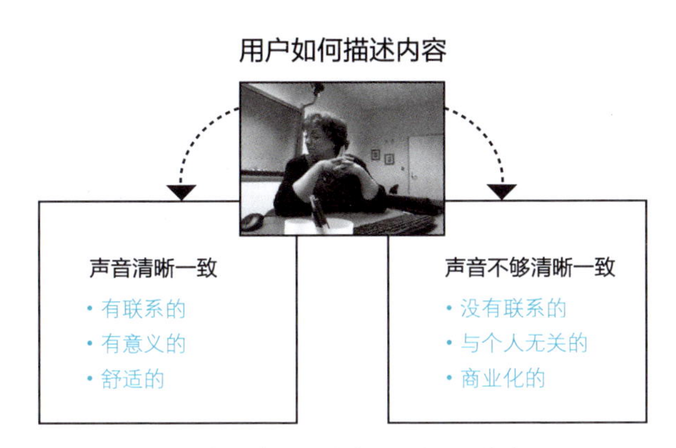

图5.4：足部健康零售商在完全投入内容策略之前测试了多种不同的选项

给大型组织的两个建议

我曾与大型私营上市公司合作过，其中包括《财富》世界50强中的6家。根据我的经验，以下两个技巧可以帮助你定义内容策略。

你需要多个内容策略

随着各个业务功能实现数字化，你可能需要为每个功能制定一个内容策略，比如营销和支持方面的内容策略。不同的组织需要的内容策略的具体组合不同，但是需要多个内容策略这一点是相同的。你可以先选择一个功能或体验，可以运用第3章到第5章的知识来开发内容策略。然后，你可以在其他领域重复应用这个方法。

通过一个内容愿景将多个内容策略整合起来

喜欢在内容上追求极客化的人有时会谈论整合的内容策略。大多数人在提到整合的内容策略时指的是在多个渠道或触点重复使用内容。我发现重复使用内容是一种有价值的技巧，但它本身并不是一种策略。我还发现一家企业如果只有一个内容策略是没有任何意义的（请参阅上一条建议）。同时，我也确实发现大型公司如果用一个内容愿景来整合多个内容策略，将会受益良多。例如，我最近与一家信用监控公司合作，该公司认为内容对于改变公司带给消费者的体验至关重要。我们开发了一套由一个核心内容愿景整合起来的五个内容策略，如图5.5所示。这个统一的愿景能帮助不同内容策略的参与者了解他们应该如何适应整体消费者的内容愿景。

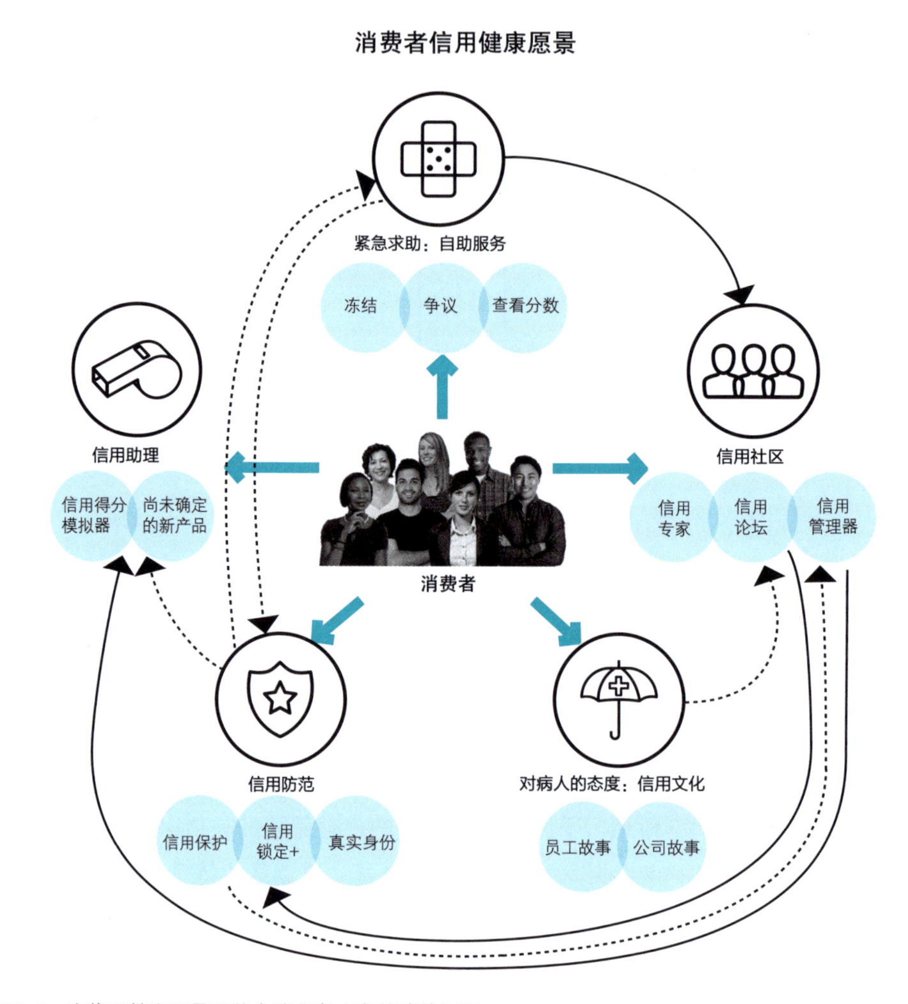

图5.5：在信用健康愿景下整合消费者内容策略的示例

给中小型组织的两个建议

如果你在一家中小型企业或组织工作，那么请记住下面这些建议。

小规模和保持专注是你的优势

你可能会认为自己竞争不过其他组织，尤其是那些比你规模还大的组织。其实不然。浏览一下上一节给大型公司的两条建议，你会发现它们确实有很多需要协调的问题。对它们来说，做出一个简单的关于编辑方面的决定可能需要三周的时间，而你的公司可能只需要一天。大型公司在内容的处理上往往行动迟缓。如果你能像动感单车工作室Burn和足部健康零售商那样灵活且专注于自己的市场定位，那么你将拥有比任何竞争对手都更为显著的优势。

缺乏资源使内容策略更加重要

小企业没有那么多可用资金，所以必须明智地使用资金。在创建、购买或管理内容资产之前，请先定义并测试内容策略。例如，我们帮助亚特兰大市的一家小型企业——Rack运动训练中心明确了内容定位，特别是主题和格式，使得大部分员工都可以高效地提供支持内容（比如文章或研讨会）了（图5.6）。

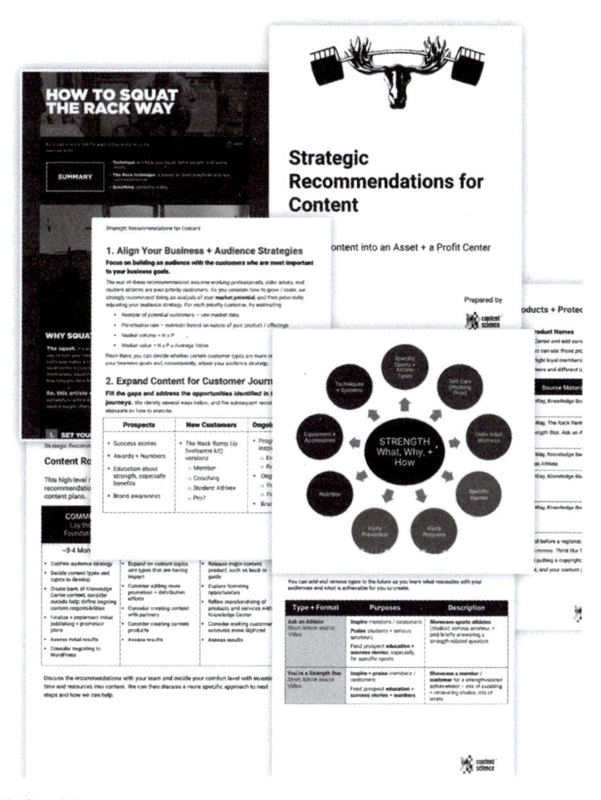

图5.6：Rack的内容策略示例

当你有了一个潜在的、必胜的内容策略后，下一步该做什么？一个重要的步骤是：计划提供有效且有影响力的内容。在第三部分中，我们将探讨如何使你的内容尽可能地支持你的策略。

说服：提供有效且有影响力的内容

让你的内容对客户产生影响。

6 让你的内容卓有成效

你的内容对客户有用吗?

我很早就从运动中学到，要让一个球员发挥出他最高的水平，就必须集中注意力，不能心生他念（不管是积极的还是消极的）。

——Tom Landry

盯住你的目标。

——金色五号，《星球大战》

如果你读过本书的第一版，你可能知道我对说服力及其相关领域（包括心理学、交际学和修辞学）非常着迷（如果你之前不知道，那么现在就知道了）。我之所以这么着迷，是因为在我的生命中，我无数次感觉自己无法说服对方，也只有极少数几次觉得自己成功了。

在这为数不多的几次成功经历中，其中一次是在我上小学五年级的时候。我当时的老师是霍特太太，她利用一个积分制度来鼓励我们的积极行为。如果她在某一天给你加了分，你会觉得自己好像征服了整个世界。我们每次最多可以加5分，每当她说出“加5分”的时候，我和我的同学都会觉得她的声音具有神奇的魔力。在正常情况下，她既不加分也不减分。如果她给某个同学减分了，尤其是减去5分的时候，那位同学就会受到毁灭性的打击。说实话，我甚至都不记得这些分数可以用来干什么。但是，我记得我真的非常渴望加分，一点儿也不想被扣分。

有一天，我正在做作业，周围有几个同学吵了起来，他们的声音越来越大。霍特太太当时正站在教室的另一边和其他同学探讨问题，她朝我们这边看过来，大声说：“减5分！”太恐怖了！我安慰自己，霍特太太应该知道我没有参与其中，也应该不会扣我的分吧！然而，那天下午，当我去看我的分数时，发现我那一栏用黑笔写着可怕的“减5分”。我该怎么办？！

我马上想到了我们最近上的一节英语课，那节课上老师教我们写说服性短文。第二天我决定给霍特太太写一封信，试着用那节课学到的技巧（比如给出三个理由，并清楚地说明它们）来解释为什么我不应该被扣去那可怕的5分。在我离开教室准备坐下午的校车回家之前，我把这封信放进一个从家里带来的信封里，然后把信封放在了霍特太太的椅子上。第二天早上，当我走到我的课桌旁边时，天呐！我看到桌上居然有一个信封，上面写着我的名字，是霍特太太的笔迹。我紧张地打开它，让我感到无比欣慰的是，她已经同意恢复我那5分了。那节英语课起作用了！

因此，可以肯定地说，当我探索说服力的时候，我也对自己进行了一些检讨。好消息是，在致力于深入研究说服力的过程中，我积累了大量有用的事实、原则和案例。在本章中，我们就来讨论让内容有效所需要的要素。如果缺少这些要素，就很难让内容发挥影响力。

内容有效性概述

我认为，表6.1及第4章中提到的维度都对有效内容至关重要。

表 6.1 内容有效性维度

维度	说明
可发现性/可检索性	内容便于客户检索和使用
润色	客户认为内容的格式和风格是经过适当润色的
准确性	客户认为内容是准确的或是最新的
有用性	客户认为内容有用或有帮助
相关性/意义	客户认为内容是相互关联的或是有意义的

在五年级给老师写信的那个案例中，我把信放在了霍特太太的椅子上，让她很容易找到我的信；我的信不是花哨的小册子或视频，但是信的内容是经过适当润色的，这远好过诉说、喊叫或哭泣；为了准确而不夸张地陈述事实，我付出了很多努力；我在那可怕的“减5分”发生之后，很快就写了这封信，因此这封信的内容与“减5分”是高度相关的；霍特太太在决定是否应该扣那5分时可能会需要一些信息，我在信中就尽量把这些信息梳理清楚。如果这些要素没有准备到位，我可能就没有机会影响我的老师。同样地，如果你公司的内容不具备有效性，那么你将很难有机会影响客户。

内容有效性的所有这些维度真的都是必要的吗？我自己也曾经怀疑过。幸运的是，内容科学团队有一些数据，可以通过分析数据帮助我们找到答案，这些数据是使用ContentWRX软件从超过十万名内容用户那里获得的与上述维度相关的数据。我们对这些数据进行了分析，以探索不同维度之间的关系。这样，我们不仅确认了它们的重要性，而且还对它们为什么重要有了更加深刻的认识。现在，让我们更详细地来了解这些维度吧。

可发现性/可检索性

让你的内容更容易被客户检索并消费——无论是现实还是让客户感知。

为什么重要

可发现性和可检索性之所以重要，一个显而易见的原因是，如果客户找不到你的内容，那么它就等于不存在。要让你的组织的内容易于被检索或被发现通常会很花费精力，部分原因是互联网上的内容和数据量大约每五年就会翻一番。

可发现性和可检索性之所以重要，还有一个不那么显著的原因。我们根据ContentWRX数据进行了相关研究，发现了内容可查找性的惊人影响：如果客户在检索你的内容上有困难，那么这个经历会影响他们对内容本身的看法。让我们来看一些证据。在图6.1中，你可以发现，如果人们能够很容易地找到某项内容，那么他们更可能将这个内容评价为准确、相关且有用，而那些经历了困难才最终找到所需内容的人们做出这样评价的比例则会低很多。

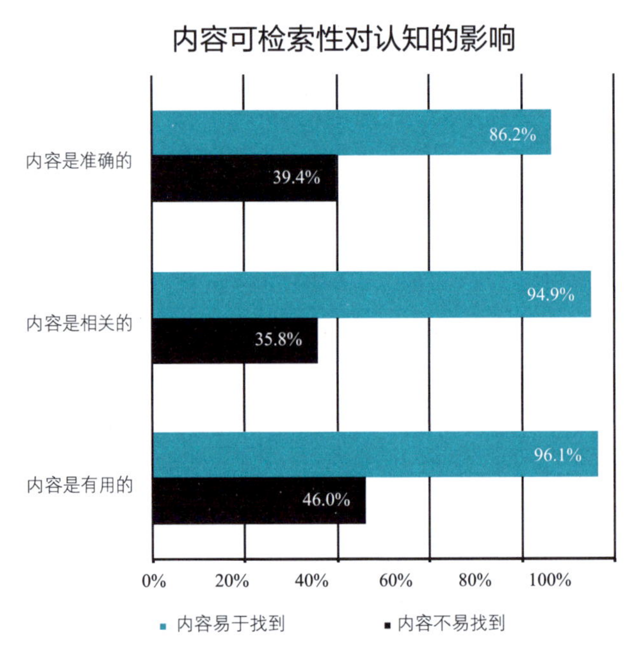

图6.1：人们认为难以找到（即使最终找到了）的内容不如容易找到的内容准确、相关和有用

从图6.1可以看到，如果你的客户经历了困难才找到了你的内容，那么：

- 有不到一半的人可能认为该内容是准确的。
- 有近 1/3 的人可能认为该内容是相关的。

- 有不到一半的人可能认为该内容对实现他们的目标有帮助。

你可能提供了有史以来最令人惊艳的内容，但是如果客户历经波折才找到你的内容，那么内容本身是否惊艳就不重要了。内容可检索性是客户对你的第一印象，而且留下不好印象的风险非常高。很遗憾，我曾亲身体验过这个风险。去年，我的公司推出了一个在线学院项目，我们将其命名为内容科学学院（Content Science Academy）。由于我们热切地渴望让全世界的人都知道这个学院，所以我们允许人们报名参加一些体验性的课程，但出于课程形式的原因，这些课程不太适合客户在黄金时段学习。这导致客户很难访问和使用这些课程，因此他们纷纷抱怨、投诉。尽管这些课程的材料在其他形式的培训中广受好评，但现在这批客户却对我们的课程材料给出了差评。哎！难以获取课程材料这个不好的第一印象，影响了客户对课程材料的评价，也影响了他们在其他方面的体验。本以为开设体验性课程能为我们创新型的新学院赢得粉丝，没想到却让客户都不想再次使用了。

怎样才能避免犯这样的错误，并把客户和内容连接起来？我们有一些秘诀。

顶级秘诀

是时候将新思维和旧的最佳实践结合起来，以便让公司内容可检索性的方法更加现代化了！

通过个性化把内容带给客户

总是把查找内容的重担放在你的客户、用户或受众身上是否现实？当客户来到你的网页、移动应用程序或其他数字触点时，他们真的愿意通过多级导航或一套复杂的搜索过滤器来访问内容吗？你的公司如何才能承担起把客户连接到正确内容上的重任？要实现这一目标，最有效的方式之一就是拥抱个性化。

每当我在会议或公司培训中讲到个性化时，我总是会让参与者举一个他们认为很好的例子，他们通常脱口而出的就是“亚马逊”。这不难理解。亚马逊使用多种方式把客户与最有可能相关的产品连接到一起。那么请思考怎样才能将你的内容实现“亚马逊化”？比如：

- 当客户访问你的网站时，立即主动向他们提供建议的相关内容或信息。

- 向你的客户或用户展示，与他们有着类似兴趣或需求的人们觉得有用的内容是哪些。
- 向客户推荐与他们刚浏览过的内容相类似的内容。
- 就重要的决定、风险等向客户进行提醒或警示。
- 根据客户的兴趣或身份提供内容或信息。
- 设计缩微本和上下文帮助，以便立刻引导客户，而不是让他们搜索说明。

如果内容是用户期待的或需要的，或者是让用户感到惊喜、开心的，那么你都可以把该内容推送到用户的面前。以天气频道为例，当飓风、暴风雪或其他极端天气出现时，人们会访问天气频道的网页或移动应用程序；那么在天气晴好的时候呢？访问量就没有那么高了。因此，天气频道决定取悦和吸引它们的移动应用程序用户。它们的做法是，提供更多关于天气情况和天文现象的智能化、个性化的内容，比如日食的倒计时。结果如何呢？内容策略专家Lindsey Howard指出：

> 发布这一内容后，我们所有的重要指标都呈现了两位数的增长，指标包括每个用户的访问量、赞助流量、总曝光量和留存率。对于每个百分点都很重要的应用程序而言，这种增长是非常明显的。衡量全球关联度和扩张的关键要素——国际参与度也出现了猛涨，另一重要的内容策略指标——点击率，在不到三个月的时间内增长了23%。

个性化的内容交付离不开内容智能化和内容设计。我们将在第四部分和第五部分讨论这些内容，以及介绍如何利用它们。

使用可靠的网络搜索引擎，通过社交媒体优化最佳实践

这个技巧指的不是第1章提到的SEO这个被过度吹捧的技术，而是指经过检验的且被证明是可靠的，将会帮助搜索引擎（比如谷歌、你的网站或移动应用程序上的搜索引擎）检索正确内容的那些实践。这些实践也是我经常谈到的话题：

- 聚焦客户关注的话题。
- 如果有可能，不要与你的竞争者聚焦在完全相同的话题上。谷歌 AdWords 及 Moz 等工具可以帮助你评估你的选择。

- 在页面名称、资产名称、元数据描述及文本内容中使用话题或话题短语。
- 使用像 Moz、Drupal、WordPress 或者搜索引擎优化插件这样的工具，帮助实现自动化并检查搜索引擎优化。
- 给网页设计一个明确的 Logo，当有人在社交媒体上分享此页面时，页面上将显示该 Logo。如果你的网页还没有 Logo，调整你的网页管理模块或者加入一个插件就可以启用这个功能了。

开始为待检索的内容设计语音接口、聊天机器人及类似的新兴触点

未来很快就会变成现实。我们将在第五部分和第六部分详细讨论内容设计。

归档过时的和表现不佳的内容

关于内容维护的这条最佳实践比以往任何时候都更加重要。有太多的公司和组织还没有这样做，因此需要重复强调这一点。归档过时的和表现不佳的内容，这是使组织的其他内容易于被检索的关键。我们来看一下原因：

如果你的公司继续使用不再有效的内容来阻碍其数字化的进程，你的公司将会：

- 减少客户找到最合适内容的机会。客户寻找合适的内容就像大海捞针一样。
- 在为新内容或当前内容做搜索引擎优化时，存在与类似主题的过时内容相混淆的风险。

我鼓励大家将维护当前内容视为必须执行的最佳实践，否则你的公司在内容方面的投资将失去意义。这就像是你去一个高级健身房试图改善自身健康状况，你聘请了昂贵的私人教练，使用了极好的设备，但却不从饮食中舍弃过多的垃圾食品。吃垃圾食品的习惯会让你在健身房的辛苦锻炼付之东流，浪费的时间和金钱就更不用说了。

你可能觉得维护内容并不容易且无趣，事实上和你有同样想法的人有很多。第四部分和第五部分将谈到如何在你的内容运营中建立良好的习惯，甚至使其自动化。

让我们进一步讨论内容有效性的另外两个维度：润色与准确性。

润色与准确性

提供最新的、正确的内容，适当润色并提升内容的品质。

为什么重要

在利用ContentWRX数据所做的同一项研究中，我们发现如果人们觉得内容是准确的且是经过润色的，那么他们将更有可能认为这个内容是相关的和有用的。如果你的客户对你的实际情况没有信心，怀疑你的信息没有及时更新或者经常被字符错误或显示故障打断，那么客户就很难认真对待你的内容。更糟糕的是，你的客户将难以达成自己的目标。图6.2显示，如果人们认为内容是准确的，那么他们反馈自己达成目标的可能性是那些认为内容不准确的人的五倍，是那些不确定内容是否准确的人的两倍。

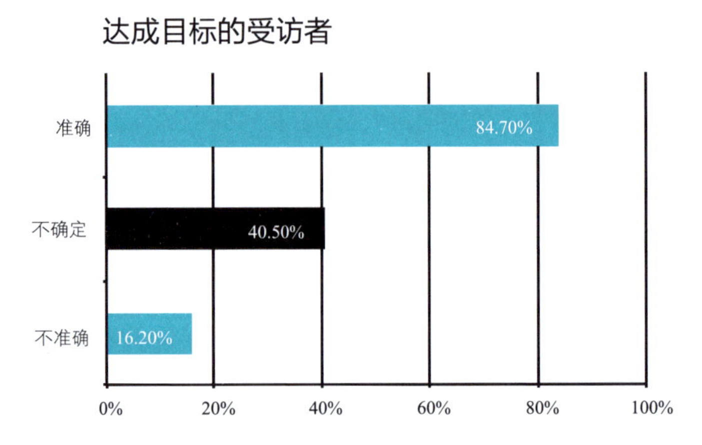

图6.2：内容准确性对访问者达成目标的影响

提供经过润色且准确的内容并不像听起来这么简单。有一些秘诀能够帮助你提供这些内容。

顶级秘诀

这些秘诀有助于解决内容的准确性、内容润色及客户体验等实际问题。

归档或更新过时的内容

在“可发现性/可检索性”一节，我们把过时的内容作为了一个影响可检索性的问题，并对它进行了讨论，其实它也是一个关乎准确性的问题。如果你的公司没有把过时的内容归档或更新，那么你的公司不仅会遇到可检索性的问题，而且还会面临如下风险：

- 客户误用不准确的内容，这些内容可能会产生混淆、不切实际的期望及严重错误，而这些错误可能会导致退货、客户流失、法律诉讼及失去信任。
- 让公司看起来像一个不负责任的组织。过时的内容可能不会造成重大灾难，但它会立即丧失客户对你的信心和信任。如果你都做不到让自己的内容保持更新，那么客户又怎么能相信你可以及时、高效处理他们的业务，或者在诸如健康等高风险的话题上向他们提出合理建议呢？

2011年，大黄蜂Camaro汽车的分类广告（图6.3）随着电影《变形金刚》的热映，在网络上出尽了风头。但现在看来，它已经完全过时了，更重要的是这款汽车已经停售了。让这样过时的广告停留在网页上，迟早会造成客户流失，更不必说会让AutoTrader内容的潜在读者大倒胃口了。

向客户提供内容准确的有力提示

不要羞于让你的客户知道内容是最新的，并且是有事实依据的。如果客户无法感知到你的内容是准确的，那么他们很可能认为内容是不准确的。以下是使你的客户对内容准确性充满信心的一些方法：

- 提供内容的发布、修订或更新日期。
- 明确指出内容中讨论的产品或方案的版本。
- 引用并链接事实或数据的可靠来源。
- 说明该内容（比如建议、指南或警告）适用的时间。
- 确保该内容的更多链接或其支持信息是最新的。

总的原则就是，告诉人们你的内容是最新且准确的，并说明原因。

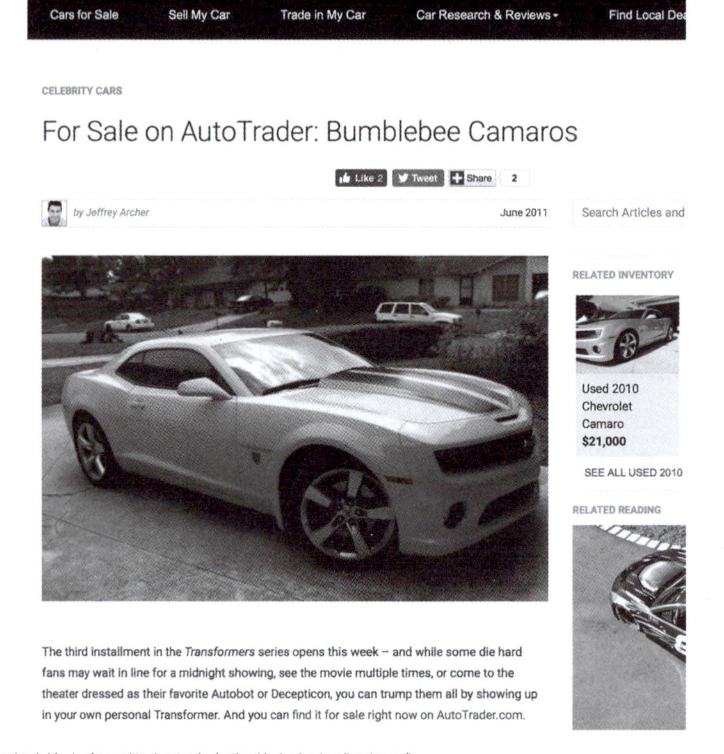

图6.3：这种过时的内容可能会让读者和潜在客户感到困惑

确保内容可用，并且可以通过正确的渠道或触点进行访问

对内容润色的最低要求是使内容具有可用性。比如，网页内容必须分层、分块传输，并且带有标签，视频文件必须有字幕或隐藏字幕。幸运的是，下面这些图书、课程和培训已经在这方面做了很好的指导。

- Ginny Redish 的 *Letting Go of the Words*。
- Steve Krug 的《别让我思考》。
- Steve Krug 的《妙手回春：网站可用性测试及优化指南》。
- 用户界面工程库与培训项目（User Interface Engineering library and training events）。
- 尼尔森诺曼集团（Nielsen Norman Group）的文章和培训项目。
- 内容科学学院开设的内容设计课程。

提高内容的质量，减少内容的数量——除了部分例外情况

内容润色看起来容易，其实它可能非常复杂。经过更多润色的内容肯定需要花费更多的时间和资源。在通常情况下，我倾向提高内容质量，减少内容数量。比如，与其一周发布两篇平庸的公司博客文章，还不如创建一本发布频率更低的网络杂志。以户外运动用品REI为例，该公司不仅提高了内容的质量，而且还创作出了获提名奖的纪录片（图6.4）。

图6.4：REI制作的获提名奖的纪录片

这条规则存在一些重要的例外情况。有时，快速、准确的内容胜过精心润色的内容。

- 社交媒体和参与度。在社交媒体中，人们对质量不高的产品有更高的容忍度。比如，祖父母乐于在第一时间看到孩子们参加足球比赛的照片，即使照片不完美也没关系。同样地，当你的公司正在举行某项活动时，及时与客户分享活动照片会让他们觉得这些照片更有吸引力，这样做的效果会比慢慢挑选照片并对照片进行润色处理之后再发布要好很多。
- 突发事件或危机。面对突发事件或危机，及时、准确地在公司的网页、社交媒体及其他触点上发布相关内容比对其润色更加重要。

有用性与相关性/意义

提供对客户实现目标有用且有意义的内容。

为什么重要

在挖掘ContentWRX数据时，我们发现内容可以促成或阻碍目标完成（图6.5）。

如果你的内容与客户相关，他们就更有可能做出决定或完成任务。

此外，如果你的客户认为你的内容既有用又相关，他们更可能认为该内容是有效的。对ContentWRX数据进行分析后，我们发现：当人们认为内容既有用又相关时，整体的有效性得分（我们称之为ContentWRX得分）最高（图6.6）。

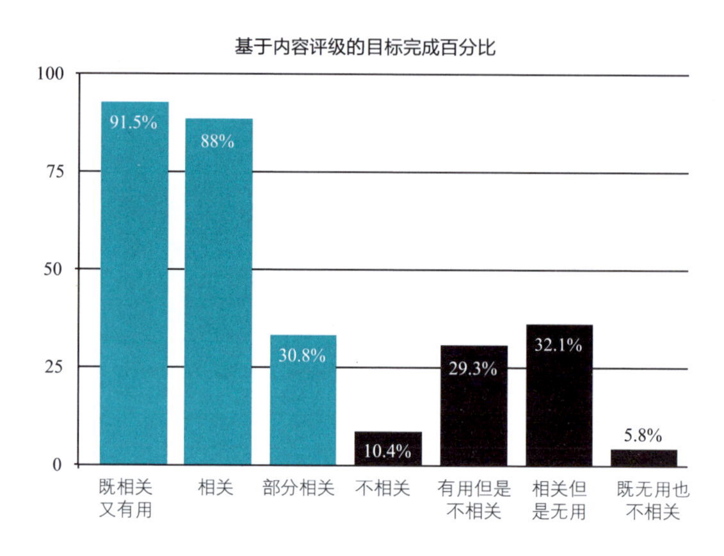

图6.5：内容评级对完成目标的影响

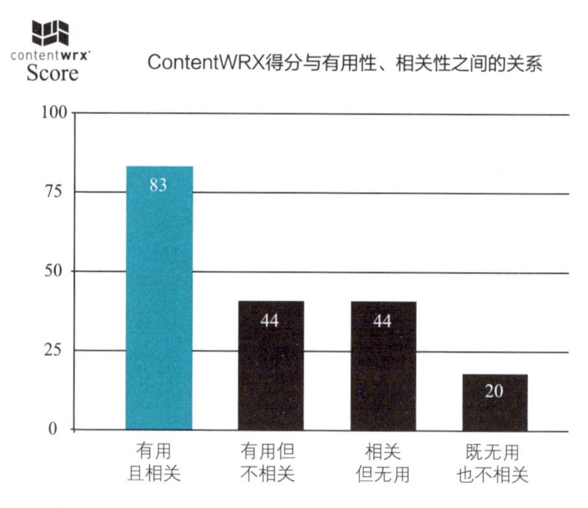

图6.6：内容有用性和相关性对内容得分的影响

那么，怎样才能使内容既有用又相关呢？这不仅需要事实本是如此，而且需要让客户感觉起来也是如此。让我们来回顾几个关键秘诀吧！

顶级秘诀

这些秘诀有助于突出内容的有用性和相关性/意义。

让内容创作符合客户的角色和旅程

当你或你的团队在创作内容时，一定会用到第4章讨论过的用户画像和用户旅程地图。回顾这些内容，并向你自己或你的团队提出以下问题：

- 该内容针对的是哪些角色和哪些客户？
- 客户会在其旅程的哪一个阶段或哪一个步骤使用该内容？
- 该内容如何回答客户提出的问题？
- 该内容是如何显示对客户情绪的安抚的？
- 该内容是如何帮助客户做出决定或完成任务的？
- 该内容如何帮助客户进入他们旅程中的下一个阶段或下一个步骤？

在内容中指明该内容的受众

客户很忙，所以别让他们浪费时间去猜测内容是为谁准备的，不妨直接告诉他们。比如，《哈佛商业评论》就自豪地说它是世界上最有影响力的管理杂志。TD Ameritrade公司的*ThinkMoney*说，它是为“活跃的证券交易人”服务的。美国运通开放论坛毫不讳言：它是为小型企业尤其是小型企业主服务的。这一做法不仅有助于说明内容的相关性，而且会使客户更容易找到内容。

这一做法适用于大部分内容，而不仅仅是电子杂志。对于销售内容，可能需要准备两个版本：一个面向商业决策者，一个面向技术专家、干系人和决策人员。对于客户服务和支持内容，可能也需要针对不同角色或不同专业水平的人准备不同的版本。在所有这些版本中说明目标受众群体，这能让客户知道该内容是否与自己相关。

说明内容自身的有用性或相关性

与指出内容受众类似，不要让客户猜测内容为什么是有用的或相关的，直接说出来吧！我发现一个很有用的技巧——想象你的客户问你“那又怎样？”然后在内容中立即回答这个问题。REI在“建议和指导”内容中就使用了这个技巧，例如，文章《自行车悬挂系统基础知识》的开头：

> 自行车悬挂系统可以在崎岖不平的单轨或坑坑洼洼的道路上提供更好的控制力、牵引力和舒适度。这是增加骑行乐趣的诸多因素之一。
>
> 这篇文章介绍了自行车悬挂系统的基础知识，目标受众群体是新自行车购买者或考虑升级自行车的任何人。接下来，我们将进一步详细介绍悬挂的工作原理。

如果内容很长或需要深度互动，那么提醒客户有关内容的有用性或相关性是非常必要的。

检查内容是否满足了高级客户、专家客户或特定客户的需求

如果人们报告说，ContentWRX中的内容没有用或不相关。我们会问“为什么”。在得到的回答中，最常见的原因是什么？内容过于笼统或基础（图6.7）；最不常见的原因是什么？内容过于详细或高深。

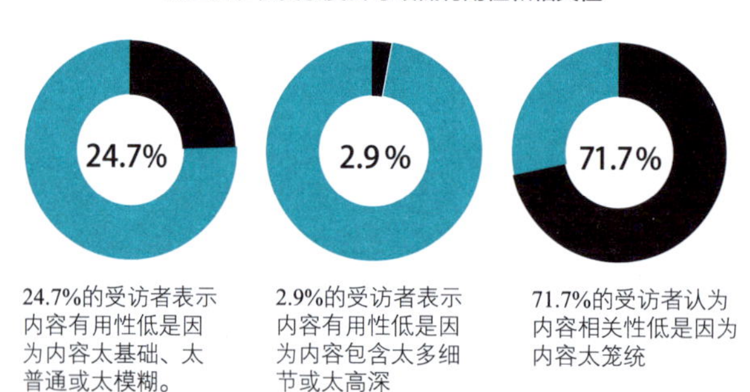

图6.7：内容过于笼统的影响

考虑一下，你是打算不断重复同样的信息，还是根据重要客户或高价值客户的需

求定制内容？例如，我们曾与一家信贷监控公司合作，为遭遇Equifax数据泄露的客户制定内容策略[①]。我们发现信贷监控内容生态系统在不断地重复许多基础信息，我们也找到了许多令人兴奋的机会，可以更好地满足众多不同信用体验的消费者的需求。如果你试图用基础信息来影响每一个人，那么你可能无法有效地影响任何一个人。

再看另外一个例子，TD Ameritrade公司向其客户提供了一本名为*thinkMoney*的杂志。这本杂志没有照搬“个人理财101”，而是提供了与活跃的投资者相关的材料。TD Ameritrade公司在仔细研究并分析了大量数据后发现，接触这本杂志的客户更有可能到该公司开户、交易——这一回报让在线经纪人明白，他们在复杂内容上的投资是非常值得的。

内容有效性的几大维度（可检索性、准确性、润色、有用性、相关性及意义）对于赢得影响客户的机会是至关重要的。接下来，我们来探索那些能帮助你充分利用这些机会的原则和技巧。

---

① 美国征信巨头Equifax在2017年曾遭遇过大规模的数据泄露。——译者注

7 让内容具有影响力

你的内容对客户有吸引力吗?

影响力是一种新动力——如果你具有影响力，你就可以创造一个品牌。

——Michelle Phan（YouTube 名人）

原力与你同在，永远。

——Obi-Wan Kenobi

当你的内容有效时，你就有机会影响你的客户。内容就像电影《星球大战》中的原力，如果你能够掌握好它，就可以产生强大的积极影响。那么，怎样才能充分利用这个机会呢？修辞学和心理学的相关原则能对你有所帮助。让我们来看看这些原则和技巧，然后将它们应用到你的内容中。

修辞学：影响力的研究

不管实际价值如何，修辞学是一门失传的艺术。我们在学校学不到修辞学，尤其是在美国（直到进了研究生院我才偶然发现这个问题）。更糟糕的是，修辞学有时候被误认为是一种黑魔法：政客们滥用它来做出空头承诺或劫持大众的注意力。让我们回顾一下古希腊人（以及其他聪明的修辞学家）关于修辞学的真实想法。

哲学家亚里士多德将修辞学定义为“在特定情形下能说服别人的最佳方式”。今天，斯坦福大学一位受人尊敬的教授Andrea Lunsford将修辞学定义为“人类交流的艺术、实践和研究”。数千年来，聪明的学者和实践者一直在讨论修辞学的理论和适用范围，这些讨论中有许多有用的观点，我将它们归纳为关于内容的两个原则。

备注：更多的原则详见附录A。

经得起考验的三种诉求

修辞学的第一个原则是什么？亚里士多德会说是劝说式诉求——但这其实不是一个诉求，而是三个。他在《修辞学》（*Rhetoric*）一书中将它们介绍为：人品诉求（可信性）、理性诉求（逻辑）和情感诉求（情感）。从那之后，这三者就构成了“说服”这一概念的要素。

亚里士多德总是坚持把三者结合在一起。首先，让我们来看看可信性。

可信性：客户为什么要听你的

智者尤达怎么说，人们就怎么做。尤达不仅说话风格独特，而且还具有说服力。

这个诉求的焦点是：为什么人们应该信任并听从你或你的组织。需要具备的典型要素包括：

- **经验**：你有丰富的经验，或者有非常专业的经验。
- **成功**：你已经取得了一些重要的成就，或者正在取得成功。
- **声誉**：社区里的人认为你有某种特质、专长或能力。
- **支持 / 联系**：建立了一个可信的品牌，人们都认为你可信，或者以一种可信的方式与你建立了联系。
- **认证**：你已经获得了一定的担保或成就。
- **持久**：你已经保持某种状态一定时间了。
- **相似**：你与用户有很多共同点。

人们对你的了解越少，你就越需要证明自己的可信性。反过来，即使你已经获得了认可，有时你还需要证明你的可信性与用户的需求是相关的。其诀窍是表达你的可信性，同时不要让人们觉得乏味或认为你在吹嘘。接下来，我们来看看在当今的数字世界中，内容是如何显示你的可信性的。

长期积累的高质量内容+有特色的内容形式

如果你能长期提供好的内容，那么你就会赢得可信资源提供者的声誉，就像一个可靠的人总是说有用的话。还有提升可信性的更好的方式吗？使用下面这些特定的处理方法，能让你的内容更受人信赖。

- **评论、奖励或其他认可方式**：要特别关注客户对他们知道并重视的资源所做出的有用赞扬。
- **引用**：引用你的用户所尊敬的人或者与用户有关的人的话术。即使你的公司不属于媒体行业，对商业伙伴或联盟来说，使用“引用”也能发挥类似的作用。
- **专家贡献**：如果某位受人尊敬的专家向你的网页贡献了内容，你就收获了可信性。反之，如果你获邀成为一位专家贡献者，你也就赢得了可信性。美国运通开放论坛是一个面向小企业的知识中心，它们提供的内容有的来自自己的专家，有的来自外部的意见领袖。

- **可靠来源的策展内容**：策展内容是以一种独特的方式展示的内容。当你策划来自可靠来源的内容时，你就会提高自身的可信性。
- **参考**：当你以参考文献为依据时，你不仅要确保你说的是真话，还要与可靠的信息来源保持一致。
- **品牌、组织或产品历史**：有时候，你所在的组织或产品拥有丰富的历史，例如，最初的 Mini Cooper 是在 20 世纪 60 年代设计的，其目的是提供一种更便宜、更高效的交通工具。Mini Cooper 的网站将这个故事与目前的环境问题紧密地联系在了一起。
- **安全和隐私提示**：当你要求人们共享个人信息时，你需要通过显示锁定图标、安全认证等提示来表明你的网站是安全的；需要让客户很容易地看到你们的隐私政策或条款，使用的语言要浅显易懂。
- 现在，我们来谈谈第二个诉求：逻辑。

逻辑：你的论点

这是指你的推理是否严谨（也称为有效）。如果说逻辑是电影《星球大战》中的某个人物，那么它应该是实事求是的C3P0。好的推理至少应该包括以下几条关键要素：

- **主张**：你确信真实的东西，比如你的价值主张。
- **证据**：用以支撑你的主张的东西，比如事实、数据和客户评价。
- **证明**：你为什么能用那些证据得出你的主张，也就是逻辑上通过证据得出主张的过程。有时候，证明是含蓄的，因为它是一种假设（或一系列的假设）。

如果能做到以下两点，那么你的论点基本上就是有效的：

- 如果你的证据是真的，那么你的主张很可能就是正确的。
- 客户可以快速理解你的证明过程。

举一个简单的例子，REI声称它是美国第一家实现100%碳中和①的旅游公司。证据是REI购买了信用来支持可再生能源（比如太阳能和风能）的发展。证明过程是可

① 碳中和是一种环保方式，人们计算自己在一定时间内直接或间接产生的二氧化碳排放量，并计算抵消这些二氧化碳排放量所需的经济成本，然后向专门机构购买碳信用及指数，由它们通过植树或其他环保项目抵消大气中相应的二氧化碳排放量，从而实现零碳排放。——译者注

再生能源工作抵消了碳排放，因此购买这些信用抵消了REI的碳排放。

即使你形成了一套坚实的逻辑，你的客户也有可能打破这种逻辑。只有用户认为是好的证据，他们才会欣然接受。例如，REI强调它购买的是受人尊敬的博纳维尔环境基金会的能源信用，而客户必须和公司有足够的共识才能真正理解这句话的含义。在REI的案例中，它们的客户倾向于关心环境，而关心环境的人很可能更熟悉碳信用的概念。

在通常情况下，如果你想要人们投入更多的时间或金钱，你就需要提供更多的证据。比如，很多人花在研究买车上的时间会多于他们花在买驾驶手套上的时间。这就是为什么AutoTrader网站不仅提供汽车广告，而且提供大量的内容包括专家意见，供人们研究汽车特性和性能。

大部分的网页内容多少都涉及一些推理，下面这些内容形式有助于网页内容更清晰地表达论点：

- 博客文章。
- 媒体文章或社论。
- 专家意见。
- 产品或服务说明书。
- 白皮书、情况说明书或报告。
- 采访。

此外，某些内容形式提供了很好的证据来支持论点：

- 图表、图形和数据可视化。
- 客户评价、案例研究和类似的故事。

避免这些推理错误

为了使你的论点更为严谨，不要在推理过程中出现以下这些错误（或谬误）：

- **草率概括**，或者根据一个奇怪的例子（极端案例）或一些范围很小的例子得出结论。举例：因为 SEO 让一个公司的网站流量翻倍了，所以 SEO 会使所有公司的网站流量翻倍。

- **用不相关的语言分散用户的注意力**，或提出一个毫不相关的情绪化观点。举例：我们应该将交互预算的一半花在 SEO 上，除非我们希望竞争对手像他们在客户满意度调查中那样践踏我们。
- **把原因和相关性搞混淆**，或因为两个事件恰好同时发生（或差不多同时发生），就声称一个事件引发了另一个事件。举例：我的公司聘请了一位 SEO 专家，第二天，我的狗就死了，所以雇佣的这个 SEO 专家害死了我的狗。

当然，正如我们在内容有效性研究中发现的那样，识别相关性是很有价值的，它有助于规划你的内容方法。如果客户不容易找到你的内容，这个内容就不会那么有效。我们还不了解这种相关性的详细的、科学的原因，不过夸张地叙述相关性从而导致错误的结论是很危险的做法。

- **滑向深渊**，或夸张地描述某种情形将会造成灾难性的连锁反应。举例：如果你不在 SEO 上投入大量资金，你就会失去所有的潜在客户，随后你的销售额会暴跌，然后全球经济将会疲软，最后将发生政治动乱，甚至导致核战争的发生。
- **跟风**，或者唯一的证据是其他人正在这样做。举例：你的竞争对手在 SEO 上投入了大量资金，你也应该这样做。

可信性和逻辑这两个诉求主要是针对我们的大脑的。现在，让我们来看看第三个诉求，它是针对内心的情感诉求。

情感：保持兴趣并激励行动

情感诉求关注的是如何利用人们的情感来勾起他们的兴趣，并得到他们的支持或激励他们采取行动。如果用《星球大战》中的一个人物来表示这个诉求，这个人应该是Jar Jar Binks。开个玩笑，可能是很多个角色，但是Leia公主用她的全息图热情地请求Obi-Wan Kenobi的帮助。

调动情感涉及以下相关要素：

- **语气**：通过文字、图像和其他内容表达出来的情绪。
- **形式**：生动的文字或充满情感的图像。

让我们看一个来自MailChimp的简单但充满智慧的例子。MailChimp有一个电子邮件计划，该计划没有使用典型的名字，而是将其称为Growing Business（成长中的企业）（图7.1）。哪个企业家不渴望成长呢?

内容提供了许多调动客户情感的机会。

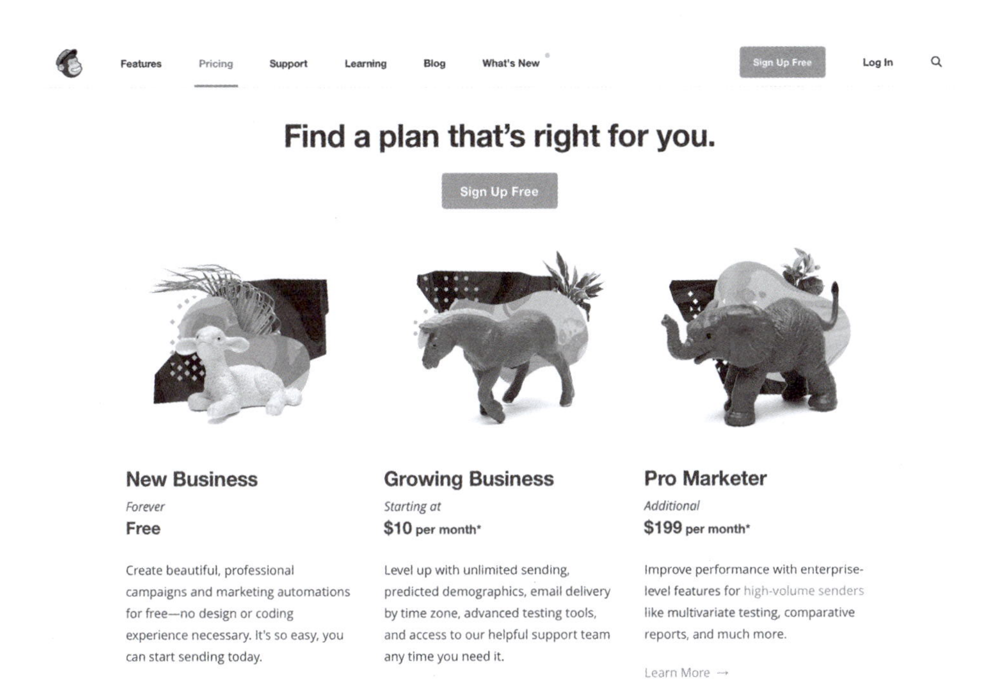

图7.1：MailChimp用Growing Business这个名字来表达情感

风格

风格即内容的个性或感觉。Bliss和HowStuffWorks是两个风格迥异的例子：Bliss的内容是轻松活泼的，而HowStuffWorks的内容是来自解剖视角的（图7.2）。

感知细节

当你在描述事物的外观、声音、气味、味道或触觉时，你会触发人们的直觉反应。例如，瑞士莲（Lindt）描述了巧克力是如何神奇地调动人们的五种感官的，并以此来诱惑像我这样的巧克力爱好者（图7.3）。

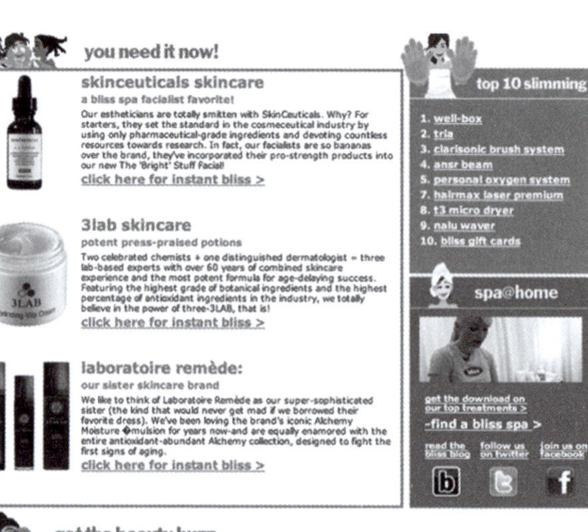

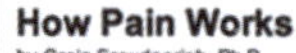

图7.2：Bliss的轻松活泼风格，以及HowStuffWorks的解剖学风格

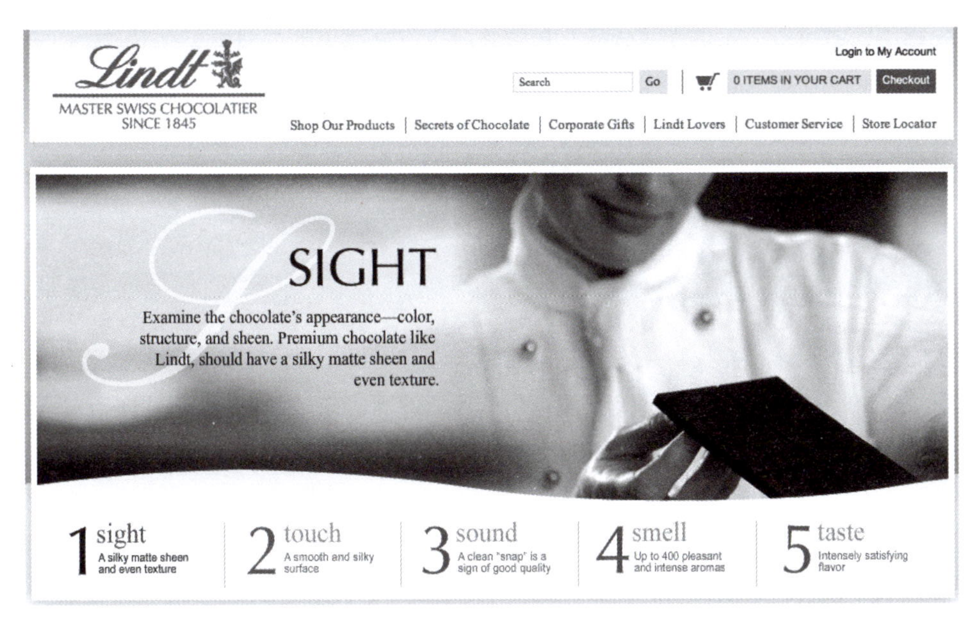

图7.3：瑞士莲通过描述感官细节来唤起用户情感

与文字和图像的关联

除了字面意义，文字和图片还能激发情感（也被称为内涵）。例如，MailChimp在它的一个电子邮件计划的名字中使用了词语“成长”，以利用文字内涵这种积极的联系。

修辞手法

修辞手法可以提升内容的情感效果。以下是一些文本示例，但是你完全可以将这些修辞手法运用到图像、视频或音频中。

- **夸张**，或者夸大，通常是为了搞笑。例如：我爱高品质内容爱得如此深沉，以至于我都想和它结婚了。
- **讽刺**，或字面意义和想表达的意义不同步，通常也是为了搞笑。例如：你应该把那篇花了 10 美元雇人代写的博客文章发布出去。
- **明喻**，或比较不同的事物。例如：这种停滞不前的内容就像一个污水坑。
- **修辞问句**，或是产生戏剧性效果的疑问句，这种疑问句并不要求对问句进行回答。例如：我们真的想要不断地创作糟糕的内容吗?

- **拟人**，或者给一个概念或物体，并将其赋予个性或人性。例如：这个网站和我一起回忆了自1999年以来的内容。

遵循以上三个诉求的原则将会使你的内容具有影响力。但是，遵循认同原则，你的内容将变得更有影响力。

不可抗拒的认同

认同就是克服分歧并找到共同点。它是帮助你吸引目标受众的关键原则。修辞学家Kenneth Burke将“认同”定义为“所有可以让作者与他的读者（或用户）之间建立起共同价值观、态度和兴趣的方法”。当用户认同你的时候，他们更容易被你所吸引。

在正确的层次上认同

我们通常习惯与那些和自己相似的人建立联系。我们可以快速地认同那些看起来和自己相似的人。人们往往与扮演着相似角色的人，或者与自己有相似的价值观、兴趣和信仰的人联系得更紧密。并不是所有人都会认同你或你公司的品牌，这没关系。

为了吸引目标受众，内容可以在很多方面提供帮助。

人物角色/性格/代言人

它是指能代表你的组织且与用户关系良好的人（或两三个人）。例如，HowStuffWorks提供了一些由相关名人主持的播客，其中最受欢迎的是*Stuff You Should Know*（你应该知道的东西）。在这个播客中，自称极客的Josh和Chuck幽默地讨论了他们认为其他极客应该知道的东西（图7.4）。

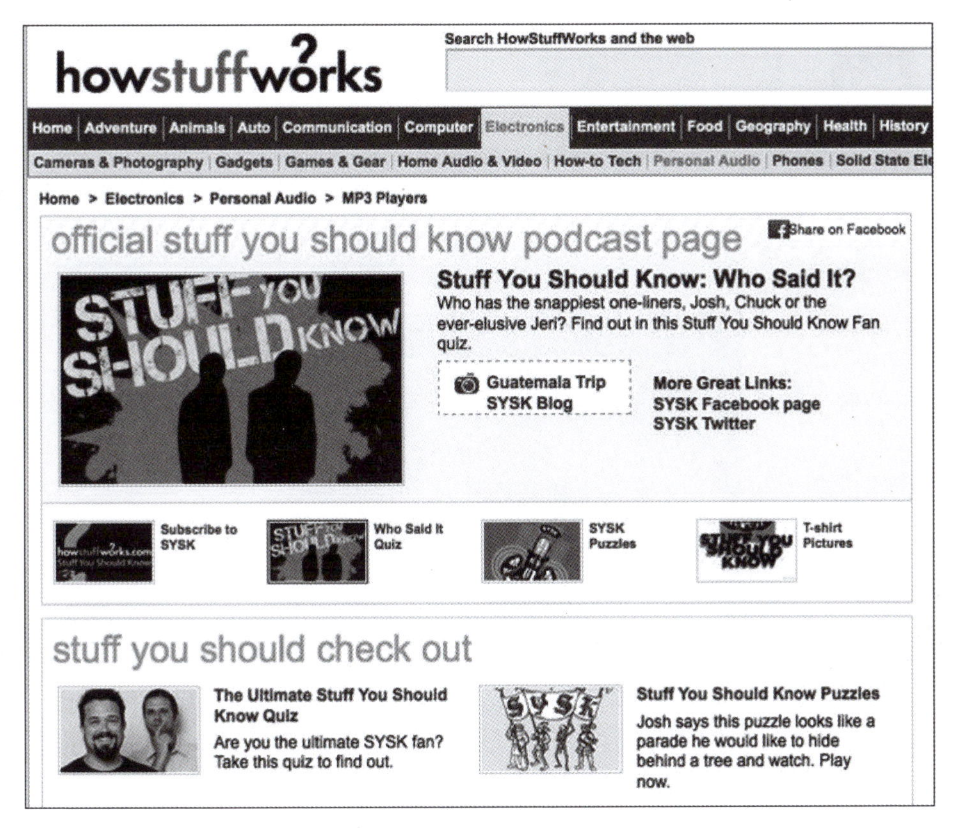

图7.4：Josh和Chuck是HowStuffWorks的极客代言人

用户产生的内容

你的用户可以很好地代表你。那么怎样代表呢？通过他们发到你的社交网络空间上的评论和内容来代表。潜在用户会认同你的现有用户，要利用好现有用户产生的内容，就需要促进良性讨论，以便使潜在用户信任你的品牌和你的现有用户。

主题内容

另一种方法是围绕一个主题来创建内容。来自公关公司Edelman的一项研究发现：支持一项主题甚至可以激励用户更换品牌。选择一项符合你的品牌价值和用户价值的主题，例如，REI致力于关注环境问题（图7.5）。

图7.5：环境是许多REI的用户非常关心的主题，也与REI是一个户外服装商的品牌有关

在美国，REI甚至把感恩节后的第二天，也就是所谓的黑色星期五变成了“到户外去吧”的运动主题日。现在，黑色星期五不仅以购物而闻名，更是以感谢户外活动而闻名。

故事内容

另外一种寻求认同的方式是讲故事，或者叙事。故事能让你以一种难忘的、有趣的方式为生活带来价值。因为故事往往涉及可信性、逻辑和情感，所以它会产生强大的影响力。你几乎可以在任何事情中发现故事，但我发现有两种类型的故事能很好地服务于实际应用。

- **品牌 / 组织故事**：如果你是一家初创企业，那么你可以讲述一个解决棘手问题或做出重大改变来帮助人们的故事。例如，Grasshopper 公司就在网站上提供了关于公司成立时发生的简单但引人入胜的故事（图 7.6）。如果你的公司已经比较成熟了，那么你可以讲一个关于公司历史，或者创新及成就的故事。

About Us

Over 100,000 Entrepreneurs Served

About Us
- Our Story
- Gary & The Greens

News & Buzz
Testimonials
Partner Offers
FAQ
Careers
Support
Contact us

The entrepreneurs' phone system

Back in 2003, two young entrepreneurs needed a radically different kind of phone system. They wanted a simple way to sound professional and stay connected no matter where they were. No telephone solution on the market offered all the benefits and features they needed, at a price still affordable to entrepreneurs.

So they started Grasshopper to provide it. To date we've won countless awards and have helped more than 100,000 entrepreneurs start and grow their small businesses.

Founded by two entrepreneurs

Grasshopper is a product of Grasshopper Group - a suite of products designed to empower entrepreneurs to succeed.

Learn More About Grasshopper Group »

图7.6：Grasshopper公司讲述了创业起源的故事

- **客户案例研究：**通过客户案例研究来讲述你是怎样帮助他们的。其中一个方法是提供戏剧化的客户案例。
- 另一个不同的方法是讲述真实的客户故事。例如，用一系列 iPhone 视频展示了真实用户讲述 iPhone 如何使生活变得更轻松的故事。在其中一个视频中，一名飞行员说他曾用 iPhone 查看天气，从而避免了飞机被延误 3 小时（图 7.7）。

图7.7：一名飞行员讲述iPhone如何帮助了他

Burke在20世纪50年代就对“认同”进行了定义，我很好奇他是不是有一个可以预见21世纪的水晶球。他认为，认同可以发生在一小段时间内，也可以发生在长时间的一系列交流中，更可以发生在时长介于两者之间的任何一个事件中。每一点内容都是一个加强认同的机会。现在，我们来看一下与心理学相关的一些原则。

心理学：影响力的科学

科学研究揭示了很多关于我们是如何被影响的知识，让我们了解到是什么影响了我们的思想。在本章中，我将详细讲述其中的两个原则。

备注：更多原则请参见附录A。

如果我必须为这些原则命名一个主题，我会将其命名为“捷径”。人们没有时间和精力去研究或思考每一个细小的决定，即使他们愿意这样做。人们常常下意识地依赖这些原则，并将其视为节约时间的法宝。

框架：引导注意

框架是一组期望、价值和假设，它们就像一个滤镜，引导我们观察某些细节而不是另外一些。下面举一个简单的例子：假设我们与一位项目经理及一位创意总监一起工作，我们对这两个角色都有一定的期望。如果项目经理没有制定项目时间表，我们不仅会注意到，而且还可能会抱怨他。然而，如果创意总监没有制定项目时间表，我们可能根本不会注意到。

框架是一整套想法、问题或选择的集合，它可以引导人们更快速、更顺利地理解一个概念。例如，如果我们向项目经理描述一个想法，我们可能会强调它可以节省时间、避免返工并能提高工作效率。实际上，这正是37signals在谈到其项目管理软件Basecamp时所说的（图7.8）。

如果同样的选项用不同的框架框定起来，人们可能会做出不同的反应。研究表明，一个负面的框架，尤其是在描述一项“损失”时，会激起人们强烈的情感反应。这种情感非常强烈，以至于人们可能会做出冒险的选择来避免感觉损失。Jonah Lehrer在*How We Decide*一书中是这样描述的：

> 人类的这种弱点被称为框架效应……这一效应可以解释为什么人们更愿意购买标有85%瘦肉的肉，而不是标有15%脂肪的肉。还可以解释为什么被告知存活率是80%的患者选择接受手术的人数，是被告知死亡率是20%的患者选择接受手术的人数的两倍。

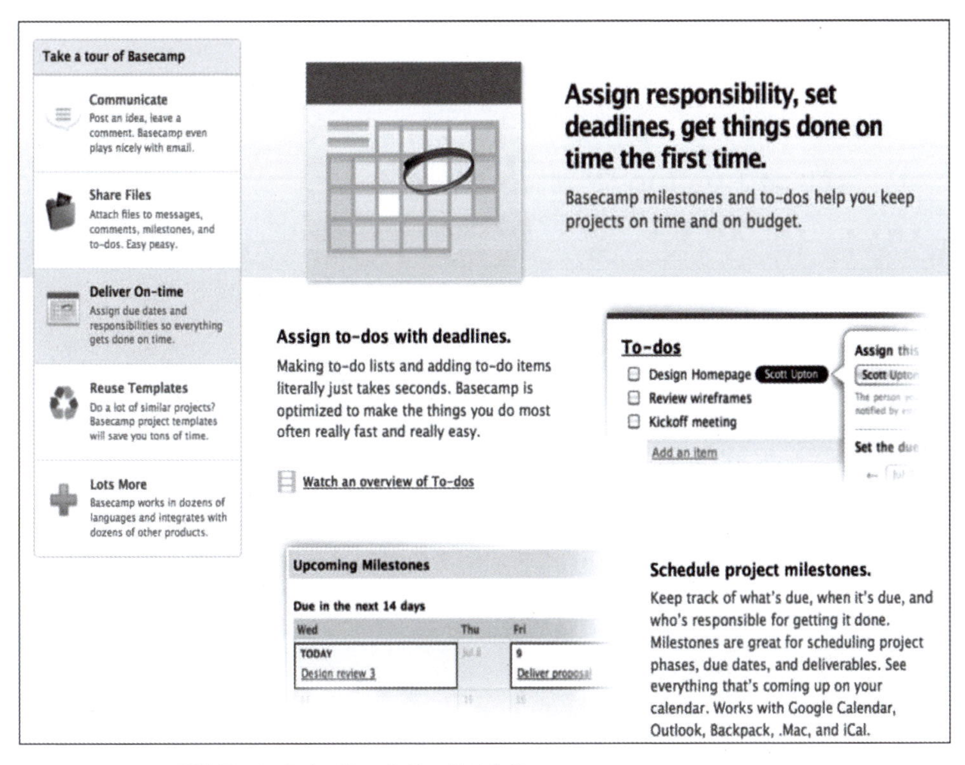

图7.8：Basecamp是被项目经理认同的一款项目管理软件

负面框架并不总是不好的，它们只是激发了大量的大脑情感活动。考虑以下说法：

- 如果改进你的 SEO，那么你的公司每年将会增加 5000 个新客户。
- 如果不改进你的 SEO，那么你的公司每年将会失去 5000 个新客户。

从框架的角度来看，第二种说法更能让人产生紧迫感。因此，要格外小心负面框架，把它们用到那些需要紧急关注和积极回应的地方中去。

与框架相关，铺垫也是引起人们注意的另一种微妙方式。它是指用文字、图像或想法去影响人们稍后的选择。比如，在选举前一天询问人们是否打算投票，会使他们的投票率增加25%。铺垫起作用的原因是我们倾向于对我们容易记住的事情采取行动。

为了将铺垫做得更好，你可以让人们讨论如何根据选择采取行动。在投票的例子中，如果你同时向人们出示一幅标注了投票点的地图，就能进一步增加他们投票的比例。正如Richard H. Thaler在*Nudge*一书中所说："与试图把人们推向某个方向相比，清除一些小障碍通常可以帮我们更好地促进良好的行为。"

从"我也是（metoo）"到假新闻：改变议程

在媒体、政治和公共关系中，框架的一个作用是影响议程设定，或者影响媒体报道的内容，从而影响人们的想法。例如，《纽约时报》、美国有线电视新闻网和其他大众媒体只报道某些新闻，而不报道其他新闻。

在某一个故事中，大众媒体包含的是某些特定的细节，而不是其他细节。从理论上来讲，人们更有可能思考或谈论大众媒体报道的故事和细节。无论你把议程设置看作是故意为之或是必要的把关，它的存在都是因为你不可能在任何时候谈论所有事情的所有细节。

等等，或许还是有可能的？

在这本书的第一版中，我注意到网站、博客和社交网络等新媒体正在改变议程，因为它们提供了大众媒体未提供的细节，甚至影响了大众媒体。我还注意到，我们并不知道它们会对大众媒体造成多大程度的影响。不过，现在我们知道得更清楚一些了。

一方面，我们有timesup和metoo这样的运动。在娱乐、科技、体育和其他领域的工作场所遭受性骚扰和虐待的受害者讲述了他们的经历。《纽约客》《纽约时报》和《好莱坞记者报》等大众媒体都发表了关于Harvey Weinstein、Louis C.K.、Russell Simmons、Bryan Singer、Kevin Spacey以及其他一些有影响力的人的高度可信的报道。更多关于这些人（还有其他一些人，比如Matt Lauer、James Franco和美国体操协会声名狼藉的医生Larry Nassar）的报道和细节信息也已经在推特、脸书和博客上被披露。随着报道和细节的积累——甚至在我写这本书的同时也在积累，民众要求采取行动的呼声越来越高，这导致相关人员辞职、项目取消、起诉等。这些运动代表了大众媒体和新媒体在合作促进积极变革方面的潜力。工作场所文化、妇女平等等问题现在已成为议程的一部分。

另一方面，我们看到新媒体被操控用来削弱大众媒体中那些可信的、事实确凿的报道，并诱导人们相信一些被捏造的和有潜在危害的报道，比如有的报道说世界是平的，还有的说接种疫苗会导致自闭症。2016年的美国总统大选就是这些操纵里最令人不安的例子之一。特朗普经常嘲讽“主流”媒体发布“虚假新闻”，但事实证明“虚假新闻”帮助他赢得了选举。当我在写这本书的时候，越来越多的关于这场虚假新闻操纵或造假活动的相关细节浮出了水面。当我们还在思考这种弊端是如何发生及为什么会发生时，至少有一点是很明确的：新媒体可以在设定议程方面发挥强大的作用。

尽管我看到了新媒体的缺点，但我认为针对这些缺点的解决办法，并不是通过像对大众媒体那种标准的把关，因为那样将阻碍新媒体在同样社会背景下快速获取细节信息的优势。相反，我们需要依据常识来管理。例如，刊登看起来像新闻报道的广告是不可接受的；在未经允许的情况下使用人们的数据来进行虚假宣传也是不可接受的。我只是做了肤浅的研究，希望在这本书的第三版出版时，我们已经处理好了在新媒体中可以利用的空间，这样我们才能既获得好处，又能把危险降到最低。

让我们看一些将框架应用于内容的具体方法。

主题/关键信息

当疾病控制与预防中心决定重新设计其旅行者健康网站（第4章中提到过）时，我就内容的处理方法提出了建议。疾病控制与预防中心希望向旅行者传达他们所面临的风险，以便他们采取正确的预防措施，但不要产生让人们害怕旅行的负面效果。我提出的一个建议是将旅行预防措施框定为明智的计划，以确保业务保持高效、假期充满乐趣。我们可以在图7.9中看到这个建议的大致理念。

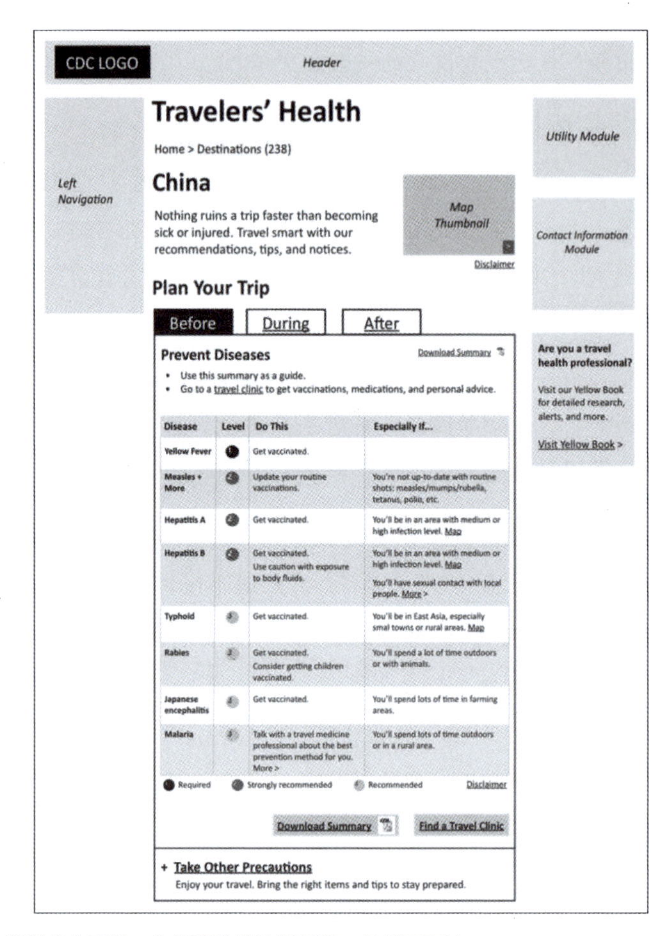

图7.9：积极的关键信息表明，旅行预防措施很重要，但并不可怕

策展

多年来，星巴克一直在策划能够反映其品牌和文化的音乐。星巴克创造了其独特的音乐世界框架，这个框架引起了顾客的共鸣。星巴克甚至成功发行了自己的CD，并赞助了一个卫星广播频道。现在，星巴克为顾客提供免费无线上网服务，还推出了自己的数字网络。在这个网络中，星巴克从《纽约时报》、苹果公司和其他精选出版商那里策划独家内容。这个网络就是星巴克的数字世界框架。

美国运通开放论坛通过策展来为小型企业框定数字世界。值得一提的是，Idea Hub（创意中心）的特色是提供由精选企业主和行业专家发表的相关主题的内容（图7.10）。

图7.10：美国运通开放论坛为小型企业策划高质量内容

主张和证据

陈述一个主张并提供支持这个主张的证据，在这个过程中就有机会使用一个框架。例如，个人基因组学和生物技术公司23andMe网站希望将你的DNA结果分享给研究人员，使你有机会参与一项伟大的事业。该公司提供了一系列令人信服的证据来支持这一主张，这些证据说明了其范围、意义和影响。这一主张和证据构成的积极框架说服了成千上万的人将自己的DNA信息共享给23andMe研究网络。

提醒和指导

你的身体指数正常吗？你的孩子该打针了吗？你最近一次去看牙医是在什么时候？你的保险包括什么内容？您的家庭健康信息有很多需要管理的内容。电子健康档案（EHR，Electronic Health Record）有潜力搞定这一切。为了你的健康，考虑一下Mint官网吧！

EHR的一个好处是，它提醒我们要保持健康的行为，比如定期参加体检。虽然Mayo诊所健康管家已经不可用了，但我还是喜欢它的提醒方式：在其仪表盘上提醒即将到来的医疗访问。更好的提醒方法是通过发送电子邮件或短信（图7.11）。

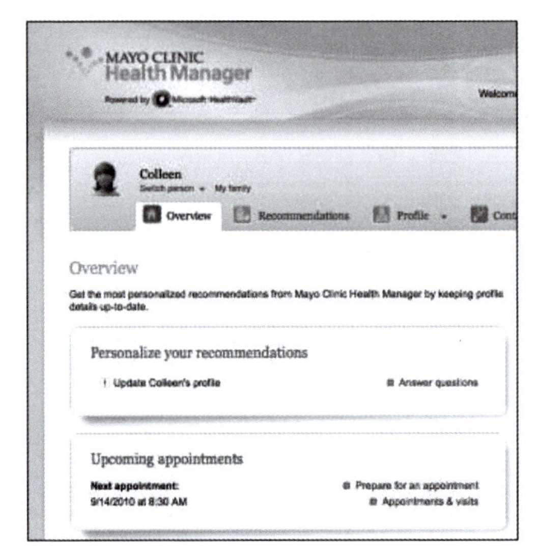

图7.11：EHR提醒我即将到来的医疗预约

Mayo诊所健康管家还提供了一个向导来指导你为预约就诊做准备。它的一个特色是，它可以编制你的个人健康状况信息，以便你将其带给或发送给医生（图7.12）。

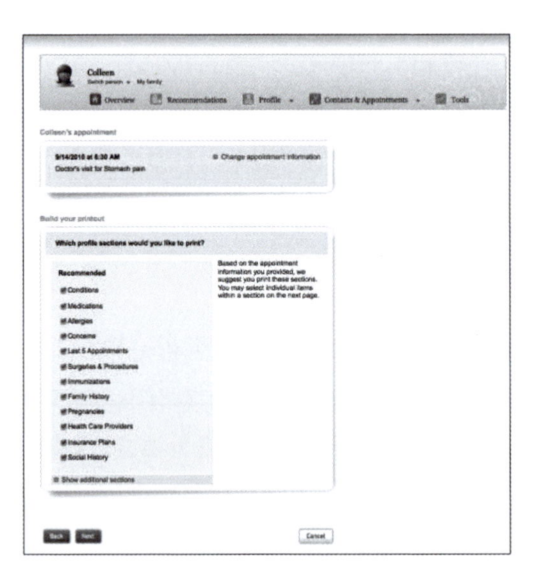

图7.12：EHR帮助我准备好了医疗预约

当然，在健康和金融服务领域也出现了提醒和指导用户的其他优秀示例。例如，移动应用程序FitBit提供了状态更新、提醒和指导用户的绝佳示例；移动应用程序The Capital One提供了简洁而恰当的关于管理信用卡的指导和提醒。

除了电子健康记录，提醒和指导也很重要。在前面提到的旅行者健康项目中，我们更关注对用户的指导。相关研究表明，旅行者对在哪里接种旅行疫苗感到困惑。最好的接种场所是旅行健康诊所，而不是去找私人医生。我们的内容建议就强调了要去旅行健康诊所接种疫苗，并给出了更容易找到旅行诊所的方法。这种方法在用户中取得了良好的测试效果（图7.13）。

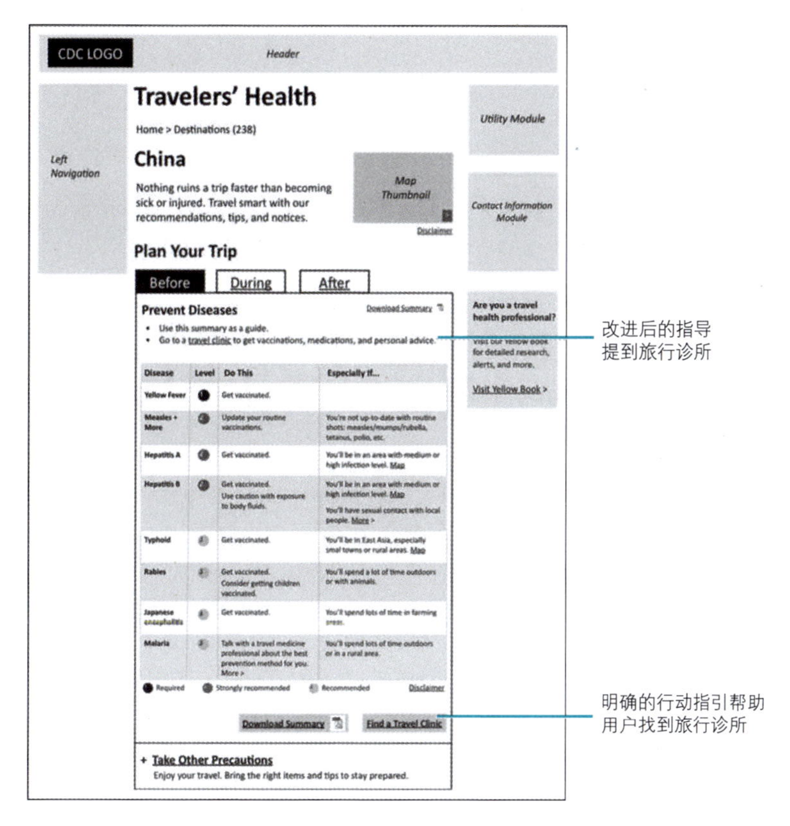

图7.13：在旅行者健康网站上，我们计划更好地指导旅行者如何接种疫苗

显然，使用框架是让你的内容具有影响力的一个强大且通用的原则。我想再分享一个与内容相关的原则。

暗喻：联系的纽带

暗喻不仅指用华丽的语言来做比喻，比如“我可以把你比作夏日吗？”。正如心理学家和语言学家所了解的那样，暗喻的意义远不止于此。认知科学家Steven Pinker说：“暗喻确实是解释思想和语言的关键。”更具体地说，消费者心理学专家Gerald Zaltman和Lindsay Zaltman认为，暗喻是“模式化思考和决策的基本范畴。”暗喻是我们思考和谈论世界的方式之一。Zaltman夫妇甚至认为，暗喻比营销策略中的主要原型更能引起共鸣。

经研究证明的暗喻

Gerald Zaltman 和 Lindsay Zaltman 的创新研究团队发现，这些暗喻是世界上最为普通，也是最引人注目的。他们已经做出了可以免费试用的基本列表（下面提到的例子仅仅是我的观点）。想要了解他们对发现和使用暗喻的看法，请阅读 *Marketing Metaphoria* 这本书。

- **平衡**包括平衡的概念、调整、维持或抵消力量，以及它们应该是怎样的事物。示例：“回归正确”（链接 7.1）。
- **转变**包括改变状态或状况。示例：链接 7.2。
- **旅程**讲述了过去、现在和未来是如何相遇的。示例：“你的生命，你的金钱”（链接 7.3）。
- **容器**意味着把东西放在里面，让外面的东西进不去。示例：链接 7.4。
- **联系**包括归属感或排斥感。示例：美国运通开放论坛。
- **资源**涉及收购及其后果。示例：链接 7.5（“值得传播的思想”）。
- **控制**包括掌控、弱点和幸福。示例：23andMe。

从战术上讲，暗喻常常把新的或抽象的思想与人们已经知道的东西联系起来。这种联系有助于人们更快地理解这些想法，这对于理解日新月异的科技尤其有帮助。交互设计专家Dan Saffer甚至说："人们所说的关于计算机的一切都使用了暗喻。" 例如，当20世纪90年代末互联网普及的时候，描述网站屏幕的术语"网页"就是由人们所熟悉的"纸页"类比而来的。当然，网页并不是一个真的页面，所以有的专业学者想将网站屏幕叫作"节点"。我想大家都清楚，最终哪个词流行起来了呢?

谨慎使用暗喻

心理学家和英语教授都认为，少即是多。如果你使用太多的暗喻，你可能会让人们感到困惑。请更多地选择恰当的暗喻，并以不同的方式加以强化。例如，一个基金会的名称是Make It Right（回归正确），意味着恢复或回到平衡状态。该网站对重建和更新的引用巧妙地支持了这种暗喻（图7.14）。

图7.14：Make It Right基金会谨慎地使用暗喻，结果非常有效

以人们已经使用的暗喻为基础

暗喻对于我们如何思考和说话至关重要。你的用户会使用暗喻来描述他们的需求和你的行业。当你与当前用户（或你想吸引的用户）进行研究和沟通时，注意他们使用的单词和短语。例如，当涉及金融的复杂性时，人们可能会感到"停滞不前"，或者渴望"翻开新的一页"，或者准备"重新开始"。个人金融服务网站Mint.com的名字就巧妙地利用了这一暗喻，这个名字暗含的意思包括：

- 以清新的气味和味道而闻名的植物叶子（薄荷）。

- 新的资金来源（铸币厂）。

这个名字恰好也是网站最初的名字Money Intelligence的缩写（我们都有自己的缩写，应该感到很幸运）。

在内容中使用暗喻

我们几乎可以在网络内容的任何地方使用强大的暗喻，以给人留下深刻印象并讨人喜欢。下面是一些示例。

名字、信息、行动指引

Designzillas公司幽默地将其网站比作日本怪兽（有时是英雄）Godzilla。该公司的网站风格很简洁，而且在文字和图形中都蕴含了这一暗喻（图7.15）。

图7.15：Designzillas始终使用一个暗喻

应用了这个暗喻的信息和行为指引会让你开怀大笑，例如：

- 你的网站还停留在石器时代吗？
- 我们把客户放在食物链的顶端。
- 我们的代理机构已经发展成了会喷火的网页设计师。
- 我们是网拳道的黑带。
- 今天就给我们打电话吧！我们不咬人。

这个暗喻有趣且富有创意，同时它还将Designzillas定位为一个随时准备拯救客户的超自然英雄。这种定位利用了一种更深层的转型暗喻。

组织故事

在Method家庭护理产品公司创始人Adam和Eric的故事中，英雄主义的暗喻也很突出。这个故事将创始人比作意外出现的超级英雄（图7.16）。

图7.16：将Adam和Eric比作超级英雄的暗喻

创始人很快就会告诉你，他们不是英雄——那也是实话，他们是“超级”英雄。和所有伟大的超级英雄一样，他们在接触有毒物质（准确地说，是清洁用品）后获得了超能力。但是，毒性发作并没有把他们变绿，或让他们可以和鱼交流，而是让他们得到了更好的东西——一个创意。

“Eric知道人们需要的是安全无毒且不必藏在水槽下面的清洁产品。Adam知道如何不使用任何脏原料来制作它们。他们强强联合，开始拯救世界，并创造了全套的家庭护理产品。这些产品比一瓶次氯酸钠更有威力，却比一千只小奶狗舔你还要温和。只需一个下午，你就可以对高层住宅进行解毒处理。”

到目前为止，你可能对于创建和策划有效的、有影响力的内容已经有了很多想法，已经准备好让你的内容成为一种正面力量了。现在是你评估你的内容是否有效的最佳时机，而实现内容智能化对评估内容有效性非常有帮助，第8章我们就来讲述内容智能化的相关内容。

审慎：推动内容智能化

了解你的内容与客户。

8 建立内容智能化系统

把内容数据转变成可付诸实践的见解。

如果不能衡量它，那么就无法管理它。

——Peter Drucker

记住：你关注什么，决定了你将成就什么。

——Qui-Gon Jinn，《星球大战：幽灵的威胁》

受到“商业智能化”的启发，我所说的“内容智能化”是指一套收集与内容相关的数据，并从中洞见出有助于做内容决策的系统。让我们梳理一下你的公司为何需要实现内容智能化，以及内容智能化系统需要哪些关键要素。

为何需要实现内容智能化

无论是你自己质疑内容智能化的必要性，还是你需要去说服他人，你都需要清楚知道实现内容智能化的必要性，也需要清楚知道充分挖掘内容中的数据属性的必要性，理由主要包括下面五个方面。

让内容决策更明智，业绩更出色

凭借有用的、现成的内容数据，你能做出更优的内容决策，最终提高内容的有效性。这些内容决策可能是战略性决策，比如投资新形式的内容，如REI制作系列纪录片或者奈飞创作《纸牌屋》；也可能是战术性决策，例如奈飞为一部电影测试了三个不同版本的电影预告片。而无论是战略性内容决策还是战术性内容决策，都得益于数据的帮助。

展示取得的进步，激发持续内容创新

各种研究告诉我们，人们看到进步就会更有动力（强烈推荐Teresa Amabile的*The Progress Principle*一书，书中很好地总结了这方面的研究和实际应用）。但如果没有清晰的数据，就很难（尽管也有可能）展示内容的进步程度。我很喜欢ASUG内容副总裁Ann Marie Gray对这一关系的诠释：

> 我们应该坚持提高对自我的要求。现如今，一切事物都已经演变成为数据驱动，这能让我们看清哪些内容是有效的，哪些内容正在推动结果的达成——但是数据的价值取决于我们如何利用它。

类似地，来自美国思爱普公司的Jung Suh也表达了让数据为内容决策提供信息是多么令人兴奋的一件事：

> 我们一直不断地制作并完善内容。在合适的工具和流程的帮助下，这项工作变得让人如此振奋，而不再是令人气馁的差事了。有了这些工具，我们能发

现内容的不足，找到差距，瞄准新机遇。

让未来的内容分析和审计变得更加容易，并与治理相整合

通常而言，在将重新设计、重整平台或者数字化转型方案列为优先事项之前，很多公司是不会按照第4章介绍的方式来实施内容分析工作的。由于多年没有进行过内容分析，所以它是一项繁重的、成本高昂的且进展缓慢的工作。而一旦分析工作完成后，多数公司又会恢复到以往状态，不再继续分析，直至面临另一项重大变革。既然如此，把资源投入到持续的内容智能化上，难道不是更加合理吗？这样一来，公司就能更加高效地对下次重大变革实施分析，同时让数据成为内容治理的一部分。

英特尔数字治理总监Scott Rosenberg很好地诠释了数据在内容治理中的作用：

> 在解决内容数量的问题时，我们把注意力放在了数据上。内容创建无疑是一项非常个性和感性的话题。在意识到这一点后，我们决定尽量以客观、清晰的标准来评估内容，以减少情感元素的影响。以往，我们在内容治理工作中过于关注业绩数据，在吸取教训后，我们决定从多维度评估内容。除了业绩数据，我们还要看企业优先事项、内容投资回报率，以及资源承诺的战略一致性。这种以数据为中心的协作方法能大大减少升级需求和干系人的情感性诉求。

深入理解客户

当客户与你的内容互动时，他们会留下个人身份、需求、兴趣等数据信息。这些数据信息不仅有助于你提供合适的内容，而且还有助于你采集关于市场营销或销售方法的信息，激发产品和功能灵感，或者对客户服务进行创新。举例来说，注册金融分析师协会（CFA Institute，一家为投资专业人士颁发证书的非营利机构）发现，其认证项目的潜在客户经常把注册金融分析师（CFA）证书和MBA学位进行比较。于是，注册金融分析师协会就开发了新内容，帮助潜在客户比较这两个选项。

为内容自动化奠定基础

如果你正在考虑升级与内容相关的方法，那么你可能会想到内容自动化和各种类

型的人工智能技术。我很欣赏这一思路，本书将在第五部分对内容自动化进行更详细的探讨，现在我要强调的是，收集内容数据也是颇有裨益的。

以上就是接纳内容智能化的五大理由，或许你还会想到其他理由。根据内容科学公司的研究结果，尽管大部分内容专业人士都想实现内容智能化，但目前只有最先进的公司在实施（图8.1展示了与内容成熟度相关的挑战）。

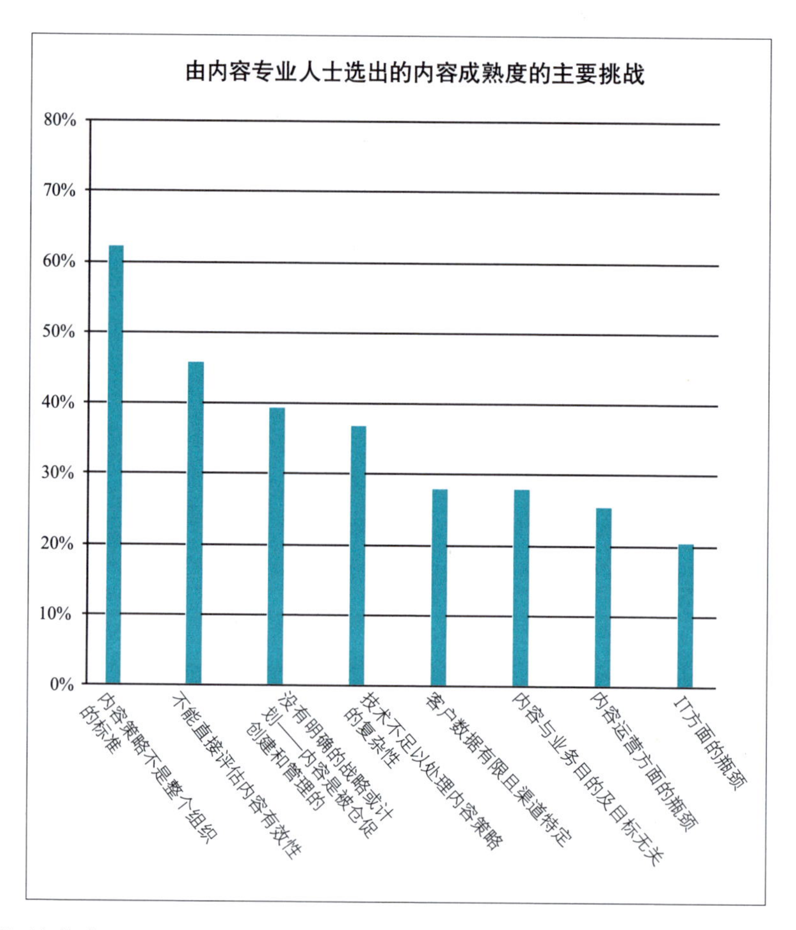

图8.1：缺乏与策略、目标一致的内容评估方式及客户数据，这也反映了实现内容智能化的迫切需要

我曾经与一家企业合作，该企业拥有世界上最大的数据湖之一——该数据湖可与亚马逊的数据湖相媲美，但企业的内容团队无法看到这些数据。内容团队在缺少数据支撑的状态下运转，在做内容决策的时候并不清楚该决策的影响有多大，也不知道自己是否朝着正确的目标前进。该内容团队还缺乏能够支撑团队成员与干

系人沟通的有关内容影响力的证据。每当干系人坚持采用某些内容解决方案、术语、方法，或者拒绝合作的时候，内容团队就会感到无力。这家企业没有让内容团队随着数据湖一同成长，这使得内容团队对基于数据做决策、取得进步和高效协作都极为渴望。

但也有一个好消息：只要接纳内容智能化，你和你的公司就将迎来绝佳的机遇，将会跃过大部分公司在内容和数据方面面临的错综复杂的局面。

内容智能化系统的要素

内容智能化系统包括三大要素，如图8.2所示。

内容智能化系统负责从各来源收集与内容相关的数据，然后分析这些数据，并回答内容业绩等相关问题。从内容的视角看数据是关键所在。下面我们逐一探讨内容智能化系统的各个要素，先从收集数据开始。

从各来源收集与内容相关的数据

努力收集两种数据：行为数据和认知数据。

行为数据告知我们用户的身份，以及他们对内容做了什么，包括用户如何发现内容，怎样使用内容。举例来说，你可以查阅网站，分析和了解用户对内容的操作，这将为你的组织提供价值。你还可以查看渠道分析数据，例如电话或聊天查询，了解内容是以何种方式支持销售和营销工作的。此外，你也可以利用业务指标，如收入或客户流失率，探索业务指标与内容工作的广泛关联。

认知数据告知我们用户对内容、公司或内容产品的相关想法。你可以回顾电子邮件、聊天记录和电话查询里的主要内容，或者通过投票、民意调查、评分、评论、评估及录音等方式来征集用户的意见。如果你的公司具有强大的社交媒体影响力，那么你还可以查看用户对内容或内容涵盖的话题所做的评论。

当然，数据本身并不一定能给组织带来价值。只有你确定了内容的处理方式后，数据才会变得有价值。于是，我们就引出了内容智能化的第二大要素。

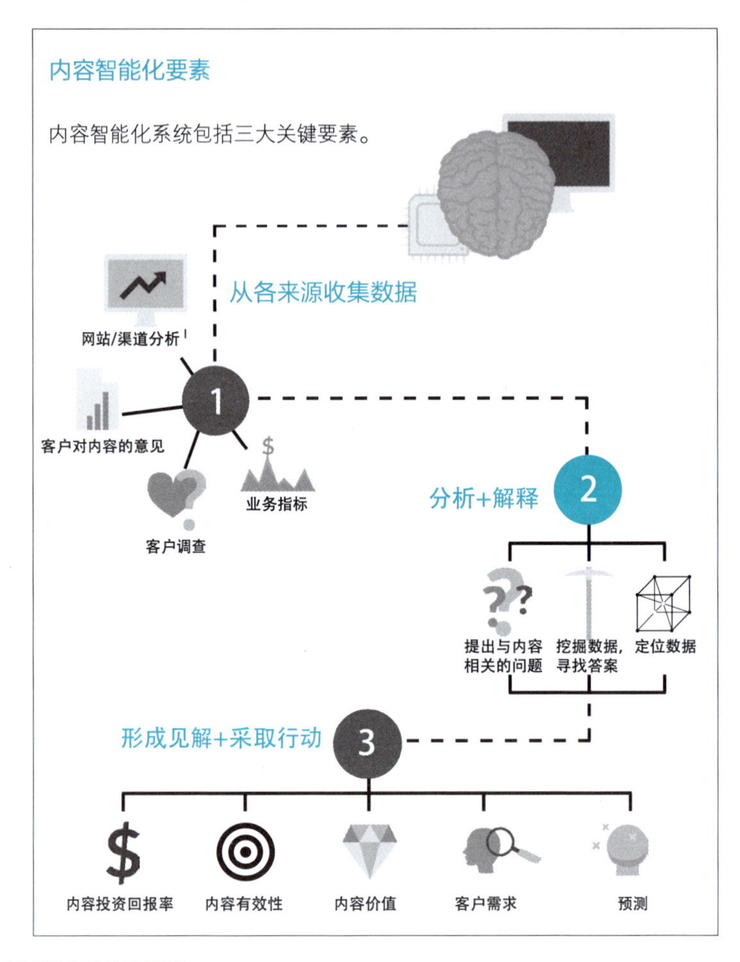

图8.2：内容智能化系统的要素

有用的工具

如果你的公司已经配置了下列工具，那么请好好利用它们；如果没有配置，那么请把它们加入工具箱。

网站与内容分析工具示例：

- Adobe Analytics
- 谷歌 Analytics
- Percolate
- Kapost

- ContentWRX
- Contently
- NewsCred

社交媒体分析与感受相关的工具示例：

- Hootsuite
- Falcon.io
- Mention
- Meltwater
- Zoho Social
- Cision

客户意见相关的工具示例：

- ContentWRX
- Qualtrics
- Foresee
- Medallia

想了解更多工具，请查看附录C。

分析和解释数据

开始收集数据后，你可以通过如下三个步骤对你的内容建立一套内容分析和解释方法：

1. 提出与内容相关的问题。
2. 挖掘数据，寻找答案。
3. 定位数据。

要完成以上每一个步骤，都离不开合适的人员和流程。

提出与内容相关的问题

要提出恰当的内容业绩问题，就必须制定一个既符合整体业务目标，又有利于业务增长的内容目标。你希望内容达到什么效果？将下面的句子填写完整，就能总结出这个目标："这项内容将________________。"

不同类型的内容对应不同的目标。比如，产品对比类工具、产品页面和演示视频等内容引导客户进行购买，而这类内容的最终目标是卖出产品。

一旦明确了内容的最终目标，也就确定了内容实现该目标的方式。哪些内容业绩要素有助于实现这一目标呢？这些内容业绩要素属于评估维度，是可以直接测量的对象。以下是部分要素示例：

- **到达率**——使用内容的客户数量是多少，该数量是否增长了。
- **参与度**——内容对客户注意力的主导程度如何。
- **认知**——内容是怎样影响人们对你的公司或产品的看法的。
- **理解**——内容帮助客户理解一个主题、事件或问题的效果如何。

一旦确定了内容的目标评估维度，那么你就可以提出与内容业绩相关的问题了。恰当的问题可以帮助你理解需要评估哪些数据。举例来说，为了弄清你的内容是如何提升客户参与度的，你可以提出以下问题：

- 客户是否定期回看内容？
- 客户是否点击并阅读我们的电子邮件？
- 客户是否在我们的网站上查看了多项内容？
- 客户是否点击我们的互动式内容，或者以其他方式互动？

你可以用矩阵来组织问题，如表8.1所示的矩阵示例。

表 8.1 内容智能化矩阵示例

销售内容	
目的：提供有用且可信的内容，为客户的购买过程提供支持，从而扩大销售范围，加快销售速度	
参与度	■ 客户是否定期回看内容 ■ 客户是否点击并阅读我们的电子邮件 ■ 客户是否在我们的网站上查看了多项内容 ■ 客户是否点击我们的互动式内容，或者以其他方式互动
认知	■ 看到内容后，客户是否理解并发现了我们产品的价值 ■ 这项内容是否有助于客户更加积极地看待我们的品牌
转换	■ 看到内容后，客户是否有兴趣深入了解我们的产品 ■ 这项内容是否可以促进销售

确定要提出的问题后，便可以从数据中寻找答案了。

挖掘数据，寻找答案

在这一步中，要求你用收集到的数据回答前面所提出的关于评估维度的问题。例如，你可以通过以下方法解答有关内容参与度的问题：

- 客户是否定期回看内容？利用网站分析平台的“回头用户”和“会话 / 用户”指标。
- 客户是否点击并阅读我们的电子邮件？利用电子邮件营销平台的“打开量”“点击量”和“点击打开率”指标。
- 客户是否在我们的网站上查看了多项内容？利用“跳出率”和“页面 / 会话”指标，确定有多少用户查看了多项内容及用户总共查看了多少项内容。
- 客户是否点击我们的互动式内容，或者以其他方式互动？在网站分析平台上用“标记管理器”创建“事项”，跟踪点击量、内容停留时间以及其他的互动内容参与度指标。

你甚至可以更新内容智能化矩阵，把有助于你解答问题的数据点纳入其中。

只要明确需要哪些数据，以及在哪里可以找到这些数据，就可以减少测量数据的指标，以便留下与内容影响力最相关的指标数据，然后，你就可以查看关联数据或者做其他相关操作了。

定位数据

有了解答问题的数据，你就可以更深入地查看数据，以便寻找关联关系、因果关系和影响因素了。例如，如果你发现一个指标上升或下降了，则应了解它在不同活动中的表现是否具有关联性。

在与美国癌症协会合作的过程中，有段时间与“参与性”内容有关的参与度指标出现急剧下降，用户登录时长和页面/访问指标均大幅下滑。在查看ContentWRX结果后我们发现，用户对该内容的可检索性及有用性的评价也有所降低。

观察到某种关联后，就可以着手调查潜在原因了。我们进一步查看ContentWRX结果，发现了移动端用户反馈的报告：他们在报名参加美国癌症协会的活动时，页面弹出了错误信息。于是，美国癌症协会立即修复了移动端页面的内容。

最后，你应该研究数据的汇报和呈现方式，以便更好地发挥内容的影响力。不妨考虑制定一份标准化报告或商业智能化仪表盘，让呈现和公布内容业绩成为一项易于重复的工作（图8.3提供了内容科学公司帮助制作的几个内容智能化仪表盘和报告示例）。

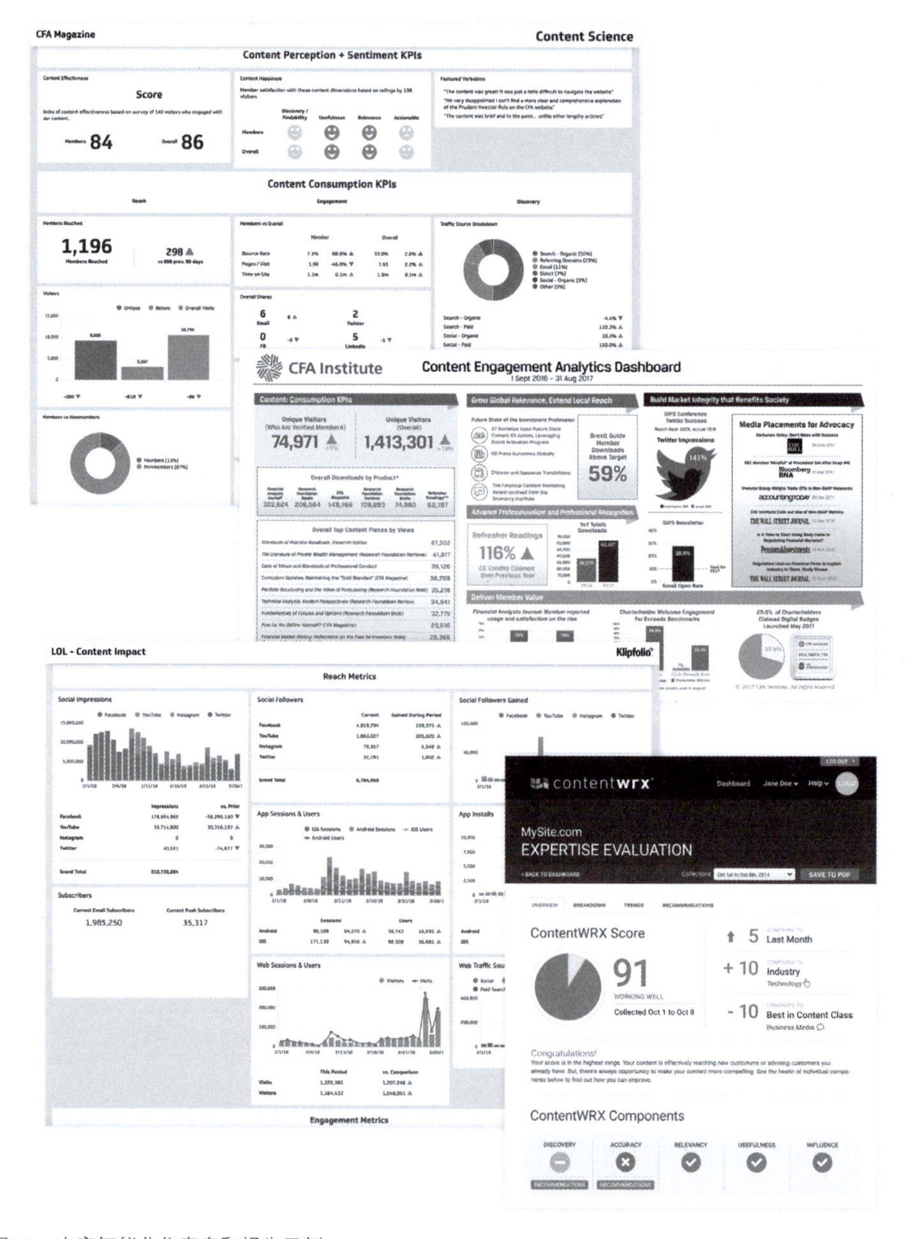

图8.3：内容智能化仪表盘和报告示例

有用的工具

各种仪表盘和报告工具能帮助大小型企业以有用的方式汇总内容数据，以下为几种常用的工具。

- Klipfolio
- Qlik
- 谷歌 Data Studio
- Power BI

形成洞见并采取行动

只要你收集到合适的数据并配置好分析系统，那么形成洞见并影响内容决策就是水到渠成的事了。你可以更好地理解内容的有效性，也能更好地评估内容投资回报率等。接下来，我们将在第9章和第10章具体介绍如何形成洞见并采取行动。

9 内容智能化的应用秘诀

立志成为内容天才。

生活是扑克牌，不是国际象棋。

——Annie Duke，《对赌》

先生，在小行星群中，能成功航行的可能性大约只有 1/3720！

——C3P0

永远不要跟我谈概率。

——Han Solo

我记得十多年前的一个周日下午，我的母亲对我说过这样一句话："生活取决于无数个决定。"我理解母亲为何这么说，因为我见证了父母曾经共同做过的许多艰难决定。比如，他们在组建新家庭的那一年——也就是我出生的那一年——曾冒着巨大风险创立了一家公司。更冒险的是，这家公司专注于一个相对比较新的工业自动化领域——使用电气控制装置执行任务，以此简化工厂的流水线工序。你可以想象，我的父母此后又做出过多少类似的艰难决定。这家公司最终经营成功了（希望在他们心里，这个家庭也是圆满的）。

然而，直到现在我才完全理解母亲的"决定论"。在母亲表达了这个观点之后，我接触了经济学、心理学、神经科学、劝导学、管理学、社会学，甚至法学等相关领域中关于"决定"的大量研究。我发现，在生活中去获取洞见并立即采取行动是非常有价值的。在内容领域，也是如此。

在本章中，我们将从决策专家那里吸取灵感，帮助你在内容智能化的基础上形成出色的洞见并采取有效的行动。本章还会给你一些提示和示例，帮助你全力以赴快速启动洞见和行动的方法。毕竟，如果你只是收集和分析内容数据，而不加以利用并做内容决策，那么就等同于没有任何数据。

生活是扑克牌，不是国际象棋

天才扑克牌手、心理学博士Annie Duke曾在其著作《对赌：信息不足时如何做出高明决策》（*Thinking in Bets: Making Smarter Decisions When You Don't Have All the Facts*）中提出过一个观点：生活中做出的大部分决策如同是打扑克牌，而不是下象棋。他为什么会这样认为呢？这是因为打扑克牌和下国际象棋的区别在于，为决策提供信息的可用数据量不同。在下国际象棋时，对你和你的对手来说，所有的信息都一览无余：你可以看到对手的每一步落子，也知道自己所有可能的应对走法。但在打扑克牌时，你只知道自己手里的牌。如果能更仔细观察的话，你还可能知道自己手上那一对三的获胜概率。在一局扑克牌对决中，桌面上的扑克牌、对手的下注习惯，甚至对手手里的扑克牌是什么，等等，这些更多的信息会逐渐地显现出来。但是，你绝对不会知道所有的信息。你需要不断做出决策：是否及如何使用仅有的那部分数据来下注。Annie在书中写道：

打扑克牌是一种信息不完整的游戏，是一种充满不确定性的限时决策游戏（绝非巧合的是，这与博弈论的定义非常接近）。在扑克牌对决中，有价值的信息都被隐藏了起来，任何结果的出现都存在运气的成分。即使你在每一个关键时刻都做出了最正确的决策，但也仍然有可能输掉这一局，因为你不知道后面会抓到什么新牌，或者对手会亮出什么牌。在游戏结束后，当你试着从结果中吸取教训时，你会发现，想将决策质量与运气的影响区分开来是很困难的。

在下国际象棋时，结果与决策质量的关联更加紧密。而在扑克牌对决中，更有可能出现因为运气好就赢、运气不好就输的情况。如果生活和下国际象棋一样，那么你几乎在每一次闯红灯时都会发生意外事故（或者至少收到罚单）。但生活更像是一场扑克牌对决。当想解雇公司总经理时，即使你做出了最明智、最谨慎的决策，也仍有可能出现非常糟糕的结果。有可能你闯了红灯，却安全通过了十字路口；也有可能你完全遵守了所有的交通规则和信号灯指示，却发生了意外事故。

我赞同Annie的生活决策论，此外我还发现网球决策和内容决策都与扑克牌游戏有异曲同工之处（我想这就解释了为什么我喜欢扑克牌游戏，但却不经常玩。因为我的大脑都被生活决策、内容决策和网球决策占据了）。即便是有了最可靠的内容分析，你也绝无可能掌握有关客户、背景，甚至自己公司（若是大型公司）的一切信息。倘若某个内容专家声称，他可以向你提供让你通过内容取得成功的确切方案，你大可掉头就走。那位“专家”要么是疯子，要么是外行，或者两者皆是。请记住，你的内容决策更类似于扑克牌赌博，而不是国际象棋规则。

关键内容决策

寻找/创建、传播及管理内容的过程涉及无数的决策。然而，正如扑克牌游戏，关键的决策可以归结为是否下赌注，以及下多少赌注，我认为内容决策可以归结为三类。掌握这三类决策，可以帮助你判断哪一个决策适合你的内容情况。

坚持到底，但要优化或扩大规模

有时，你会发现你的内容处理方法相当有效，但你更想知道它能否取得更好的效果。在这种情况下，这类决策就涉及是否对已经相当有效的内容进行优化或扩大规模。例如，《纸牌屋》在取得巨大的成功后，奈飞尝试复制这一成功。它们评估了哪些内容符合哪类观众的胃口，并制作了相应的新内容，从《超胆侠》（*Daredevil*）（我的最爱之一）到《王冠》（*The Crown*），再到《哈啦夏令营》（*Wet Hot American Summer*）前传。大部分原创内容广受评论界和观众的好评。虽然只有奈飞知道其原创内容在各个市场的详细表现数据，但是奈飞的公开数据显示，它们正以爆炸式的速度赢得了来自世界各地的订阅者。

再例如，家庭安保公司Blink创建了一组内容并通过电子邮件进行促销，以此招揽新客户。为了确保内容的有效性，Blink对其进行了分析，比如调查了客户在注册时最关注哪些问题。它们的工作还不止于此，为了吸纳客户，Blink团队持续测试了各种文本和图像的组合。负责电子邮件的经理Daniel Hinds表示，“我按照对抗赛的方式测试——即测试中获胜的组合对抗下一个新组合，然后看看哪一个组合会最终获胜。”

对于这一类决策，应当思考如下问题：

- 哪些有效的内容要素是值得我们学习的？
- 哪些内容要素可以更加有效？并以何种方式达到效果？
- 我们怎样在这些客户身上复制这一成功？
- 我们如何才能在另一业务领域取得同样的成功？

解决问题

当你的内容的影响力没达到你的预期，或者内容导致其他问题的出现，又或者内容让另一个问题更加严重时，你适合用“解决问题”这一类决策。比如，我曾发现信用监控公司愚蠢地向遭到身份盗用并前来寻求恢复信用的消费者提供带有营销性质的内容。这种做法给公司带来了一系列的问题，包括销售方面的损失、消费者由于对品牌/公司的仇恨而引来的品牌对手（而非品牌拥护者），以及公司不得不加强员工与消费者沟通的监管。

又例如，美国癌症协会在查看它们从谷歌Analytics和ContentWRX收集来的数据时发现了一个内容方面的问题。该问题是关于一个“康复之路（Road to Recovery）”的特色项目——把需要乘车去医院治疗癌症的患者与愿意搭载他们的志愿者对接起来。这两大目标对象都需要从一个网页上寻找各自的答案。数据显示，网页留给他们的问题比答案还要多——这是十分令人沮丧的事情。因此，美国癌症协会重新组织了内容，网页为不同的目标对象——患者和志愿者提供了各自定制化的内容。

对于这一类决策，应当思考如下问题：

- 我们对内容的预期是否合理？是内容真的不够好，还是我们的预期不切实际？
- 问题的起因或源头是什么？
  - 是否为内容本身？如果是，是什么限制了内容的有效性？
  - 是否为内容推广、交付、呈现或组织的方式？
  - 是否为内容与客户需求或偏好不一致？
- 为了解决这个问题，我们是否需要修改、删除或停止内容制作？
- 我们从这个不足或问题中学到了什么？

创新或迎接新机遇

当你想提升自己的内容质量或想充分把握新机遇的时候，这类决策就很适用。仍以奈飞为例。奈飞一直在寻求除美国以外的国际市场并进行了积极的扩张。针对这些市场，它们对内容进行了精心翻译与本土化。奈飞竭力让内容的每一个细节包括从字幕到推广介绍能与国际市场产生共鸣。这项努力取得了回报。在2018年第一季度的710万名新增订阅者中，有546万人居住在美国以外的国家。基于原创内容和国际市场扩张的成功，奈飞决定再投资1000万美元在更多内容上，其中包括内容的营销，而2018年奈飞在技术上的投资不过13亿美元。

与此不同的是，营销自动化公司MailChimp捕捉到了一个能够获取客户共鸣的机会。公司的很多客户都是线上零售店，相比于站在客户的角度想象它们的处境，MailChimp决定直接来扮演客户的角色。没错，MailChimp建立了自己的线上零售店，并向慈善机构出售产品。这个项目恰如其分地被命名为What's in Store项目，这让MailChimp团队能有机会直接掌握许多客户面临的决策、使用的工具，等等。项目负责人Melissa Metcalf把这种方法称之为“成为客户自己”。MailChimp不仅获得了客户的共鸣，筹到了慈善资金，还基于项目的经验和教训创建了大量的新内容，并制作了一份新的电子邮件列表，订阅者超过了100万人。What's in Store现在还展示了MailChimp客户分享的有关电子商务成功的故事（想知道这个内容吗？请点击MailChimp官网查阅）。

对于这一类决策，应当考虑如下问题：

- 如何深入了解并满足客户的新兴趣、需求和期望？
- 如何深入了解并满足我们没有预料到的新客户的需求？
- 如何调整内容以满足新市场客户的需求？
- 如何以不同的方式包装或交付内容，从而提供更好的产品或服务？
- 如何让内容更高效地赚钱？

内容智能化如何帮助你攻克这几类决策呢？这里，我将提供四种有用的方法。

内容智能化为内容决策提供信息的方法

为了帮助你使用内容智能化，下面介绍四种有用的方法，它们均基于内容智能化图（图9.1）中的“洞见+行动”要素。

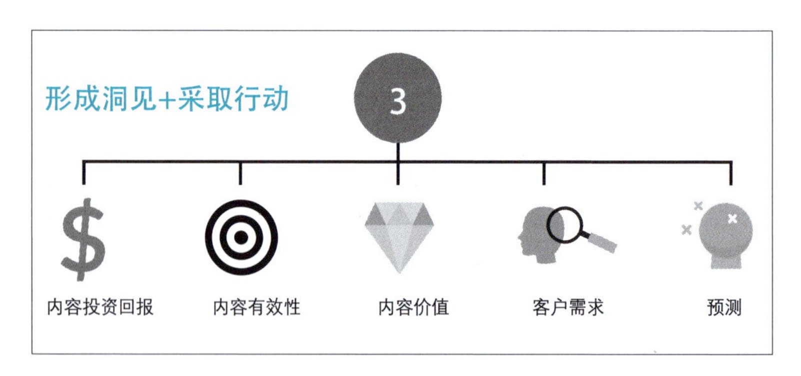

图9.1：内容智能化第三大要素“洞见+行动”

评估内容有效性

掌握你的内容中哪些要素有效及哪些要素需要改善。这一见解可以帮助你识别可优化的要素或可能产生问题的要素。例如，疾病控制与预防中心发现很多旅行者打电话咨询有关疫苗接种的问题，而这些本应是网站内容就可以回答的问题。因此该机构进行了调查并发现了它们的内容在可检索性、准确性和有用性方面的问题。接下来，它们着手解决这些问题，方法是改变了内容的组织，明确了重点，以及删除了不重要的内容，并让格式更易于浏览和使用。

计算内容投资回报率或价值

要弄清楚你的内容带来的影响是否值得你为此付出。比如，疾病控制与预防中心通过提升网站内容的有效性，提高了访客来电的服务效率。又比如，2017年气象频道在其移动应用程序中发布了新的功能和内容。

这样做的目的是什么呢？以新的方式吸引用户。正如本书前面提到的，当天气不好或天气恶劣的时候，人们会求助于应用程序；而当天气晴朗的时候，人们就不那么频繁访问应用程序了。于是，内容策略师Lindsay Howard与团队充分考虑了各种可能出现的场景，并提出了提供和推广相关内容的想法。结果怎么样呢？据Howard称：

> 我们的“晴天”项目立刻见到了成效。在发布这一内容后，我们的所有重点指标都呈现出了两位数的增长，其中包括每个用户的访问量、赞助流量、总曝光量和留存率。对于每个百分点都很重要的应用程序而言，这种增长是非常明显的。衡量全球关联度和扩张的关键要素——国际参与度也出现了猛涨的势头。另一重要的内容策略指标——点击率，在不到三个月的时间增长了23%。

这些结果非常具有价值，以至于气象频道决定探索其他对业务有益的方式，而这些内容战略规划可以帮助它们的业务。

表9.1总结了几种考虑内容投资回报率或价值的常见方法。

表 9.1　投资回报

业务功能+内容类型	潜在内容投资回报率或价值
市场营销	■ 提升品牌或产品知名度 ■ 改变对品牌或产品的认知 ■ 提高目标客户的触达率或参与度 ■ 增加注册人数或订阅人数 ■ 增加销售机会 ■ 降低每个销售机会的成本
销售	■ 增加总销售额或特定产品、服务的销售额 ■ 降低单位销售成本 ■ 增加付费订阅人数 ■ 促进销售或付费订阅量 ■ 减少退货 ■ 增加促销或交叉销售 ■ 增加重复销售
客户体验	■ 提高品牌、产品或服务的使用率或参与度 ■ 促进推荐 ■ 加强品牌或产品宣传 ■ 提高客户满意度 ■ 增加促销、升级或交叉销售 ■ 减少客户流失 ■ 减少退货 ■ 减少支持调查
服务与支持	■ 削减成本 ■ 减少客户流失 ■ 保持或改进客户满意度 ■ 增加促销、升级或交叉销售
其他收益/价值	■ 建立或扩大内容授权 ■ 建立或增加内容广告商或赞助商

你是否认为公司规模必须足够大，才能获得内容投资回报呢？不要着急下结论。在《百万美元的单人生意》（*The Million-Dollar, One-Person Business*）一书中，Elaine Pofeldt指出，这类业务的常见形式就是信息提供商，比如对访问时事通讯或其他内容收取少量费用的企业。其他类型的小型成功企业，例如使用Shopify等购物平台和MailChimp等电子邮件工具的小众线上零售商，它们发现内容对于从销售到客户支持的所有环节都极具价值。内容能帮助许多功能实现自动化，让企业在

增加收入的同时避免运营费用的增加。

深入了解客户

深入了解客户的身份、需求，以及偏爱哪些内容。例如，卡夫（Kraft）食品公司从客户与内容的互动中收集客户的兴趣点，然后形成洞见，让它们的广告内容更加有效。

又例如，从内容专业人士与《内容科学评论》的互动中我了解到很多他们关心的话题和事件。这一洞见会有助于我们开发新的产品，如内容科学学院，以及许多和杂志相关的内容。

预测内容变动的影响

你应当探索不同的场景，并做出合理的估计，而不是妄加猜测。对其他要素了解得越多，做出的估计就越准确。例如，气象频道从“晴天”项目的发布中获得了足够多的洞见，不仅验证了项目的成功，还预测出了这种个性化内容对其业务可能产生的影响：除了按天气类型划分，还可以按内容格式（例如视频）等用户偏好进行划分。

预测变化影响的能力对于从试点工作过渡到更大规模的内容工作尤其有益。例如，我曾与一家出售舒适鞋和下肢保健产品的利基在线零售商合作，尝试提供教育内容。我们创建了一个关于跑步和伤害预防的微型网站，其中包含了跑步的基本知识和注意事项，以及预防脚部及下肢受伤的小测验和文章。当看到客户的反馈和主推产品的销售额提升之后，该零售商决定开发一套综合性的教育内容，这一决策让周销售额增长了36%。如果该零售商没有对试点项目进行评估并从中吸取经验，就无法掌握充分的信息，更不会冒险去扩大教育内容，这数百万美元的利润也就无从谈起了。

内容智能化可以帮助你缩小信息差距，提高内容决策的质量。下面我们将进一步介绍优质的内容决策所带来的影响。

逐步做出优质的内容决策

广受好评的《007：大战皇家赌场》（*Casino Royale*）是我最喜爱的电影之一，电影围绕一场扑克牌游戏展开。擅长数学的大反派Le Chiffre为背后一帮邪恶的人服务，为了赢回他输掉的钱，他安排了一场持续多日的奢靡赌局。为了挫败Le Chiffre，英国政府支持隐藏了身份的詹姆斯·邦德加入赌局，但是骄傲的邦德很快暴露了自己的身份。接下来的剧情是一长串紧张的扑克牌赌局，中途还穿插了Le Chiffre企图谋杀邦德的情节（观众会有一种在压力之下面临做出决策的既视感）。

赌局中各种情节不乏娱乐性的跌宕起伏。一开始邦德只是在Le Chiffre周围闲逛，在别人那里赢了几局，又输了几局，最终累积了一堆筹码。越来越多的玩家开始退出赌局。邦德想深入了解Le Chiffre，就与他玩了几局，最后得出结论：这个邪恶的幕后策划者徒有虚名。之后，Le Chiffre故意在一局里加大赌注。邦德怀疑他只是虚张声势，叫了牌，并在最后一把投入全部赌注。结果Le Chiffre赢了。哎呀！

邦德的团队非常恼火，把他的错误归结于他的傲慢。但是邦德没有放弃，他吸取了教训。Le Chiffre装出一副虚张声势的样子，而邦德本可以隐藏好身份，并保留好底牌。在成功躲避了又一次谋杀后，他获得了美国政府的支持，重买赌注参加游戏。最终，邦德利用前几轮获得的信息做出了更明智的决策，他也来了个障眼法，最终赢得了赌局。

所有这些跟内容有什么关系呢？在涉及决策的时候，它们有相当大的关系。

扑克牌专家批评了《007：大战皇家赌场》里面的个别场景细节，我毫不怀疑这些专家是对的。然而，这部电影的成功之处在于，一次又一次（甚至反反复复）尝试做出优质的决策，这样随着时间的推移，赢的次数就会比输的多。《007：大战皇家赌场》本可以只简单地呈现最后一局。但通过多局博弈的呈现，电影提醒我们，不要只关注怎么去赢一局高赌注赌局。从游戏一开始，你就要集中利用好自己掌握的信息，并从游戏的结果中不断学习，唯有如此，当你面对高赌注赌局时，才更有可能获胜。

赢一局高赌注赌局是不断做出优质决策的结果。没有谁能保证一定能获胜，因为你无法控制你收到什么样的牌，也不可能掌握一切信息。只有你专注于利用现有可用的情报——包括游戏开始时掌握的信息和结论，以及在游戏过程中新增的信息（这一点至关重要），利用这些信息做出最佳决策，才会有大一点、再大一点、更大一点的可能获胜。

回到内容的领域，这一点同样适用于内容领域。如果你专注利用已有的内容信息做出优质决策，那么随着时间的推移，就更有可能得到你想要的结果。所谓专注，包含了四种你可能想不到的含义：

- 基于决策质量而非决策结果评估内容决策。

  我在本书的很多章节里都强调过了解内容的影响力和业绩的重要性，例如它是否能够接触、吸引和影响相应的客户。所以，如果我说我认为不应单纯从结果——即内容成功或失败来评价内容决策，你可能会感到意外。但是，从质量角度评估决策是学习和获取智能信息的唯一途径，只有以此为基础，未来的决策才会更高效。

- 将内容智能化看作一套系统。

  我在谈论内容智能化时一直把它视为一套系统，因为它不是一次性任务，而是持续不断的工作。要为持续的内容决策提供信息，你需要稳定的内容数据流和一套正规流程来获得洞见。

- 为利益相关者设定期望——有价值的人会支持你。

  通过强调优质内容决策的累积效应来管理你的老板和利益相关者的预期。绝不做马上成功的保证。通过在许多内容方面的努力，至少需要一年时间才能开始看到成功的果实。

- 不断向优秀内容中心学习经验教训。

  你和你的团队会发现吸取优秀内容中心的经验教训很有用，可以在未来做内容决策时加以参考。我将在第11章讨论优秀内容中心。

评估你是否已经为内容智能化做好了准备

请思考以下有关内容智能化要素的10个问题，并快速做一个自我评估。你回答的“是”越多，就说明你的公司为建立和使用内容智能化系统所做的准备越充分。

要素：数据收集

1. 你的公司能否轻松、高效地评估你提供的各类内容（例如，思想领导力、销售额/销售挖掘、客户服务、技术支持）？

2. 你的公司是否收集了与客户的行为和他们对内容看法（即人们所做的和人们所想/所感的）的相关数据或反馈？

3. 你和你的团队能否轻松、迅速地访问与内容有效性和影响力相关的数据或反馈？

4. 你的公司是否有一份内容智能化的书面计划？

要素：分析+解释

5. 你或你的团队能否轻松地分析与内容相关的反馈和数据，并制定内容有效性报告？

6. 你是否能从局部（例如团队、场所、活动，甚至内容资产）和全局的角度看待内容的影响力？

7. 你的公司是否已从以往的内容数据收集、研究学习和测试中积累了经验教训，以便于分享、参考和应用？

8. 你的公司能否轻松地将公司内容的有效性或业绩与行业标准进行比较？

要素：洞见+行动

9. 你的团队或公司是否定期开会讨论内容业绩、影响力或可能性结果，以及潜在的内容决策？

10. 你和你的团队能否快速获取优秀内容中心或类似资源中心的最佳实践、有效示例和研究文章 / 资源？

内容智能化+优质决策=内容天才

所谓天才，是指在某项能力方面或某一特定领域中，异常聪明或有创造力的人。随着企业越来越依赖于内容，这个世界需要出现更多的内容天才。只要建立一套内容智能化系统，以及对智能化内容做出优质决策并从决策质量结果中学习，你就可以成为一名内容天才。这听起来异常简单，但事实上却并不是。但这样做的好处是，随着时间的推移，对你而言，做内容决策会越来越容易，你会越来越成功。

总而言之，应用内容智能化的关键秘诀在于，随着时间的推移始终去做优质的内容决策。内容智能化不会给你一个保证任何结果的公式。但是，当你利用可用的内容情报尽可能地做出最佳决策时，你就会成为一名内容天才，并且成功的可能性会大大提高。

扩展力：成熟的内容运营

赋能公司，执行是成功关键。

10 内容运营成熟度模型

选择能够让你实现内容愿景和策略的角色、程序和技术。

愿景是什么并不重要，重要的是愿景能实现什么。

——Peter M. Senge，**系统科学家**

要么做，要么不做。没有尝试一说。

——**尤达**

你已经有了内容愿景和策略——可能还不止一个内容策略。你也清楚了想要提供何种有效的和有影响力的内容。你致力于建立一套内容智能化系统，为持续的内容决策提供信息。现在，你需要做的是执行。很不幸，根本没有现成的内容供你挥动魔杖。但有一套正在形成的规则将帮助你维持甚至扩展你的实现，我将其称之为内容运营。

什么是内容运营

内容运营是一项幕后工作，是尽可能有效且高效地管理内容的活动。如今的内容运营通常需要一个与人、流程和技术相关的要素的组合。表10.1给出了一个示例。

表 10.1 内容运营要素示例

人	流程	技术
内容角色	内容供应链	内容管理
内容责任	内容工作流	内容自动化
公司文化	内容本地化	内容智能化
内容领导	内容治理	人工智能化
内容培训	内容模板	内容翻译

如果你觉得本示例包含的运营操作比你期望的要复杂，这也并不奇怪。我遇到的许多公司都认为，内容运营就是每个月都要凑齐一篇博客文章，如果它们还在考虑内容运营的话。现在是时候对公司的内容工作进行不同的思考了。

为什么要关注内容运营

俗话说，外行看战略，内行看后勤。如果你是内容领域的新手，你会凭直觉低估保持和扩展有效内容所需做的努力。正如我们在开篇探讨的，即便你不是内容领域的新手，也将会面临前所未有的有关内容变动的挑战。市场对满足高要求客户期望的内容的需求空前巨大。因此，从某种程度上说，我们都是内容领域的新手，都可能低估取得成功所需面临的风险。

思考内容运营有助于让幕后活动符合你的内容愿景和策略，从而降低失败的风险，并使重复或者扩大成功变得更容易。更具体地说，思考内容运营有助于提高效率，并能最大限度地利用内容资产。具体体现在以下几个方面：

- 把合适的人放在合适的位置。
- 制定或简化流程。
- 区分维护和持续创新。
- 选择具有正确功能的技术和工具支持你的运营。

为了帮助公司做好内容运营规划，我制作了一个简单的成熟度模型。

内容运营成熟度模型

统计学家George Box曾说过："一切模型都是错误的，但有些模型还是有用的。"本着这种精神，我制作了这个成熟度模型，帮助公司"真正认识"它们的内容运营。该模型能帮助公司明确当前的内容运营层级，然后确定该层级是否支持公司的内容愿景和策略。如果不能，这个模型可以帮助你规划下一个内容运营层级。

这个模型的建立依赖于以下两个基础：

- 本人为数十家公司提供过深度咨询服务，并具有为几千名内容专业人士提供相关培训的丰富经验。
- 由内容科学公司组织并开展的内容领导力和运营研究，有200名内容专业人士参与。

因此，虽然本模型并非完全正确，但它结合了充分的数据和反馈，因而是非常有用的。模型可分为五个层级，如表10.2所示。

表10.2 内容运营的五个层级

层级	描述
1. 混乱	没有正规的内容运营，只有临时对策
2. 试点	在博客等领域尝试内容运营
3. 扩大	在所有业务功能领域扩大正规的内容运营
4. 保持	巩固并优化所有业务功能的内容运营
5. 发展	在持续创新的同时看到投资回报

在2017年的内容运营研究报告中，51%的参与者称其公司属于第3级，只有5%的参与者称其公司属于第5级（图10.1）。我认为此次研究的样本略偏向于那些非常重视内容并聘用了内容专业人士的公司。根据我的经验，我会把当今大部分公司列为第2级或第3级。

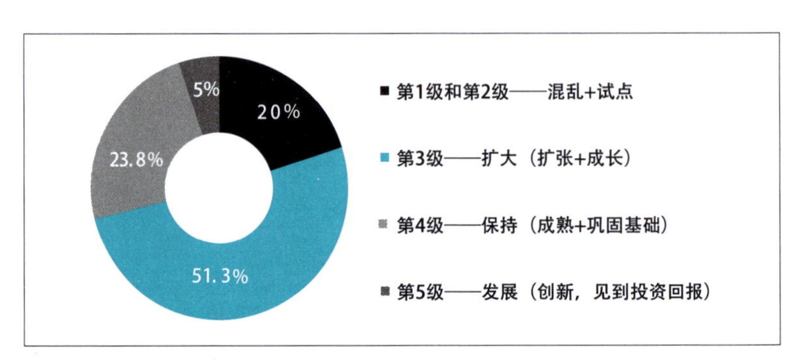

图10.1：2017年，一项关于公司自身报告其内容运营水平的研究结果

让我们简要了解一下各层级的内容运营成熟度。

第1级——混乱：只有临时对策

在这一层级，内容对大部分人而言只是事后“诸葛亮”。表10.3汇总了这一级的关键特征。

表 10.3 混乱层级特征

特征	描述
人	没有内容领导者 几乎没有定义的和专门的内容角色 利益相关者对内容价值和问题几乎没有意识和了解
流程	没有内容流程 当需要内容时，在最后关头应付一下或者进行紧急处理 不评估、维护或治理内容 在出现投诉或问题时，调整内容
技术	基本没有内容用于技术决策 可能有内容管理或营销自动化工具，但没有实施周全

第2级——试点：从混乱走向有序

在这一层级，大多数领域仍持续着混乱状态，但很多人已经感受到内容混乱的烦恼，或者看到了优质内容的潜力，他们希望做出改变（表10.4）。

表 10.4 试点层级特征

特征	描述
人	出现一些非正式的内容领导者 内容成为现有角色的一部分，如网站开发、平面图形设计或者营销协调 利益相关者对内容价值和问题的意识及了解程度较低，但正在提升中
流程	已经有试点项目计划，但几乎没有持续的内容流程 没有评估、维护或治理试点范围以外的内容 用至少一个试点作为成功的范例，赢得对更多内容运营的支持 在出现投诉或问题时，调整内容
技术	基本没有内容用于技术决策 可能有内容管理或营销自动化工具，但没有实施周全

第3级——扩大：尝试复制成功

在这个层级，公司从试点的内容运营中获得了一些成功，并希望扩大内容运营（表10.5）。

表 10.5 扩大层级特征

特征	描述
人	指定或聘用了一名正式的内容领导者，通常是管理层 指定或聘用了更加清晰的角色，通常涉及生产领域，例如作者/编辑或内容设计师 利益相关者对内容价值和问题有了越来越多的意识和了解
流程	新的内容工作获得一个项目计划 内容工作纳入营销活动规划或敏捷开发等现有流程中 开始明确其他内容流程 有兴趣用数据评估内容影响力
技术	技术变革和新技术决策开始纳入内容需求的考虑范畴 现有技术和工具的实施可以更好地适应内容工作 开始评估和购买为内容工作服务的新技术和工具

第4级——保持：提高有序性，消除混乱

处于这一层次的内容运营公司不仅要为每个业务功能建立内容运营，而且还要调整它们以便打造核心内容能力（表10.6）。

表 10.6　保持层级特征

特征	描述
人	指定或聘用了一名高管作为内容领导者 指定或聘用了内容经理 指定或聘用了更多清晰的内容角色，多与生产之外的功能相关，例如内容策略师或内容分析师 利益相关者普遍了解内容的价值
流程	新的内容工作获得一个项目计划 对纳入现有流程的内容工作进行优化 其他内容流程已经确立且运行良好 建立内容智能化
技术	将技术变革和新技术决策继续纳入内容需求的考虑范畴 在内容工作领域，对现有技术和工具的实施进行优化 继续评估和购买为内容工作服务的新技术和工具

第5级——发展：保持有序性，实现系统化创新

能够蓬勃发展的内容运营的公司在各方面都与第4级相同，但又有充足的资源用于创新。具有讽刺意味的是，这似乎又回到了混乱状态，但是是以一种更加受控的方式。这类公司把部分运营资源用于探索创新点和创新方式，然后对选择的创新进行试点，最终应用在核心运营中（表10.7）。

表 10.7　发展层级特征

特征	描述
人	一名首席内容官监管一切内容工作和运营，并领导创新 指定和聘用其他内容高管和经理 指定或聘用了更多清晰的内容角色，多与生产之外的功能相关，如内容工程师 利益相关者普遍了解内容价值，尽管他们仍然认为内容服从于其他能力或功能
流程	建立一套持续的内容创新和策略的流程 对纳入现有流程的内容工作进行优化 其他内容流程已经确立且运行良好 启用内容智能化并实现常规应用

续表

特征	描述
技术	把高级技术和智能化视为内容创新的一部分 将技术变革和新技术决策继续纳入内容需求的考虑范畴 在内容工作领域，对现有技术和工具的实施进行优化 继续评估和购买为内容工作服务的新技术和工具

大型公司可能出现多个成熟度层级并存的局面

如果你就职于一家大型公司或企业，你可能会发现公司的不同领域业务处于不同的内容运营成熟度层级上。这没关系，你可以把成熟的领域视作不成熟的领域的创意模型或来源。你甚至可以分享技术和工具，以高效、低成本的方式让公司在整体上成熟起来。

举个例子，我曾与一家大型电信客户合作，该公司的企业对消费者（Business-to-Consumer，B2C）业务与企业对企业（Business-to-Business，B2B）业务的内容运营成熟度相差迥异。B2C内容团队坚定地在第3级上运营，正朝着第4级迈进。团队当时正在实施一套更加精细、复杂的内容管理系统，以便促进工作流程自动化，并在探索如何用机器学习来优化内容。此外，B2C内容团队甚至聘用了内容工程师。然而，B2B内容团队与团队及利益相关者建立了良好的关系，团队大部分成员由作家和编辑构成，内容运营层级属于第2级。B2B运营没有内容管理系统（真的），利益相关者对内容的可见度很低，团队内部及团队与利益相关者之间频繁发生分歧和误解。当公司意识到这种差距后，我们一起协作，把B2C内容团队的工作方式应用到了B2B内容团队中，并探索出了跨团队的内容管理系统和工作流工具。最后，集团在完善其内容业务方面取得了不俗的进展。

小型公司能够快速实现内容运营

在内容运营方面，小型公司拥有巨大的优势。通常，小型公司比大型公司能更快地上升到第3级或第4级，因为它们需要克服的官僚主义会更少，对客户体验的整体控制力更强。得益于精心的客户体验规划，我在前几章提到的动感单车工作室

Burn在成立之初就属于第4级。和大型公司相比，聪明的小公司还可以更快地尝试优化解决方案。例如，Rack运动训练中心靠几条创新性的方式就解决了内容来源的问题，例如：

- 形成一套奖励系统，在此系统中 Rack 教练可以向“知识中心”贡献文章。这些文章展示了教练的专业知识，对客户颇有益处。内容对教练来说是可选择的，而非强迫性的。
- 当 Rack 客户实现了目标和完成了挑战时，系统对客户进行概括性分析。
- 把拍摄和发布展示客户使用设备等的照片和视频纳入日常工作。
- 鼓励客户拍摄自己的训练照片和视频，并发布在社交媒体上，然后 Rack 可以转发这些照片和视频。
- 自动向新客户发送一组电子邮件，引导他们熟悉 Rack，并提供更多有用的内容。

Rack在几个月的时间里实施并优化了这些方法。而一家大型公司至少需要花一年时间才能完成类似这些事情。

你的内容运营成熟度层级是多少

你想评估自己公司的内容运营成熟度层级吗？你的公司是处于混乱、试点、扩大、保持层级，还是处于发展层级？在线进行（链接 10.1）内容运营评估，可进行快速测试，并免费获取最新的内容运营研究报告。

如果你认为自己公司属于第3级或以下，这种情况是普遍存在的。下一章我们将探索如何让内容运营成熟度升级到下一级。如果你评估自己公司属于第4级或第5级，下一章将帮助你在扩大规模的同时维持或提升该层级。

11 快速迈向更高层级的内容运营

尽早把内容转换成核心竞争力。

有时候，改变你所处的环境需要你迈出一大步。然而，除非你愿意改变，否则你永远不会飞翔。

——Suzy Kassem，诗人、哲学家

不断前行，即是未来。

——尤达

愿景。在对内容运营的研究中，我很欣慰地发现大家并不缺乏愿景。尽管大部分调研对象称自己公司的内容运营成熟度处于第3级及以下，但绝大多数人仍期望达到第4级（保持）或第5级（发展）（图11.1）。

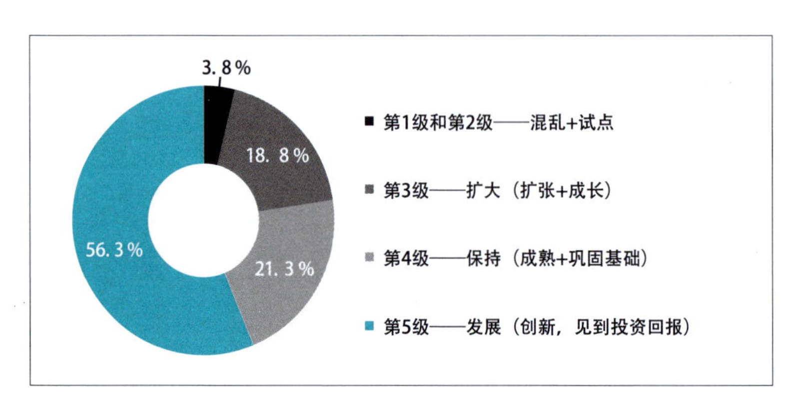

图11.1：大部分内容专业人士表示，他们希望发展成熟的内容运营

对内容运营有愿景是明智的。为什么这么说？我认为每个公司，无论规模大小，未来都需要把内容视为可以利用的核心竞争力。而现在，先于竞争对手建立这种能力，本身就是一种优势。

成熟的内容运营让内容成为核心竞争力

有一点值得再次强调：*每一家公司的未来都需要把内容视为核心竞争力*。这一能力将频繁跨越业务功能的界限，它与信息技术/工程、设计等能力一样，对产品、销售、营销和支持等业务功能都至关重要。经过多年的观察与认真思考，现在我坚信内容属于一种单独的能力，在理想的成熟度条件下，内容不依附于其他任何能力或功能。内容不是设计，不是营销，不是信息技术或工程，也不是支持。内容对这些能力和功能至关重要，但内容就是内容本身。

如果一家公司没有将内容提升为一个有凝聚力的核心竞争力，那么该公司可能会遇到一些问题，这些问题会使内容无效，并使其运营在规模上效率低下。这些问题包括但绝不限于：

- 导致从策略到创建、转化，再到交付的内容工作事倍功半。
- 提供的内容相互冲突或不一致，或者留给客户这样的印象。

- 用不恰当的立场或基调创建内容。
- 客户需求与你的内容之间存在明显的差距。
- 不能增加你的内容容量和供应链以满足需求。
- 不能优化创建、交付和管理内容的流程。
- 错失内容智能化的学习和行动的机会。
- 错失通过内容驱动产品或服务来实现企业创新的机会。
- 购买重复性的或不兼容的内容技术和工具的风险增高。

此外，内容需要独特的能力、流程和工具，而其他能力和功能根本无法支持这些能力、流程和工具。包括但不限于：

- 把内容需求映射到客户旅程上。
- 探索并测试新内容的概念以实现客户需求。
- 精心安排一条内容供应链。
- 开发编辑方法，管理编辑日历。
- 制作音频和视频，包括撰写文本、协调人员和拍摄影片。
- 对内容进行建模和设计，以实现最佳交付和个性化等（见下一节“成熟内容运营的成功因素”）。
- 选择支持内容运营的技术和工具。
- 建立并应用内容智能化系统。

虽然内容与其他业务功能之间必须进行高效的合作，但这并不意味着内容运营应当分散于其他功能之中。内容运营必须得到妥善的组织和安排，否则你的公司不仅会因为内容陷入困局，甚至业务本身也不会幸免。

因此，怎样才能让内容运营发展成熟并成为核心竞争力呢？各个公司的具体方法可能各不相同，但我可以提供几个值得考虑的成功因素。

成熟内容运营的成功因素

内容科学团队对研究参与者的回答进行了深入分析，参与者包括成功的企业和成熟度较高的企业。我把这些洞见与我在咨询和培训工作中的观察结果相结合，确定了一些成功的因素。要想从目前内容运营的层级跨越到下一层级，甚至更高层级，公司应当仔细思考以下四个方面的成功因素：

- 领导层。
- 实验。
- 自动化。
- 人。

我们先从领导层开始介绍。

领导层

如果没有领导层，公司的内容运营就不可能发展到第4级或第5级。这里的领导层指的不仅仅是支持内容的领导者，而且还得是具备内容专业知识且专注于让内容成功的领导者。

尽早聘用首席内容官

如果你或你的公司重视内容，我建议你尽早聘用一名首席内容官或类似的高管，因为这是让内容运营成熟发展的最有效和最高效的方法。一旦被聘用，该角色就能建立愿景和策略，然后调整和优化团队、流程和技术。

另一种选择是，特别是对于大型公司而言，在等到销售、支持、设计和产品等其他业务功能出现内容运营后，你开始经历煎熬，比如不同的团队在不知情的情况下创建了相似的内容，或者出现关于谁对什么内容负责的地盘争夺战。到那个时候，公司可能才会聘用一名内容高管，该内容高管必须耗费大量时间和精力重新制定愿景和策略，以及调整团队，并在取得有意义的进展之前重新审视决策。

首席内容官的特别之处在于可以明确和促进一个内容愿景的实现。根据我与内容科学团队的研究，愿景无疑是一名内容领导者发挥作用的首要特征。该角色人物需要在共同愿景下统一内容团队和能力，倡导把内容愿景变成现实，领导团队肩负起实现愿景的责任。戴尔EMC信息开发总监Noel McDonagh这样阐述了它的价值：

> 让我们能作为一个团队来运营的关键可能在于，拥有共同的愿景和计划，确保每个人了解愿景的内容并持续为愿景做出贡献。

该角色的另一特别之处在于确定和证明预算的合理性。这听起来似乎是显而易见的，但我对我们的一项研究结果感到震惊。大部分参与者表示，不仅他们的内容运营成熟度处于第3级或以下，而且他们也不知道公司的内容预算是多少。怎么会这样呢？我们从评论和访问中了解到，对于大部分参与者来说，内容没有专项预算。内容一般会合并到其他活动或功能里，如营销或支持，并没有自己的计划和线下项目等。Jack Lew曾说过，预算“不单单是一堆数据的集合，而是我们价值和愿景的表达。”首席内容官应当用数据支撑公司在内容方面的价值和愿景。

向内容教练和拥护者赋能

成熟的内容运营不仅仅需要行政领导层的权力，而且它们更需要获得来自经理、团队领导或项目领导的赋能，这些人被授权指导他们的团队处理内容问题。团队中的每一名成员都必须做好支持内容的准备。Dassault Systèmes Solidworks的Joseph Campo描述了内容获得支持的价值：

> 你必须争取支持。最起码人们应当弄明白整体愿景和目标是什么，以及怎样实现愿景及是否支持它。如果他们不买账，有些人可能会离开，或者只是敷衍了事，应付任务。

只有当内容团队的每一名成员都具备领导力时，内容运营才会更加成熟。

实验

一项研究发现，内容运营发展成熟的公司更有可能具备一些内容智能化的要素，即便还未能建立一套完整的系统。第8章和第9章深入介绍了关于内容智能化的内容，这里我想介绍两个能帮助你取得成功的洞见。

数据获取成就内容天才

虽然他们并没有称其为内容天才，但那些在内容方法上日渐成熟的公司正在授权团队评估它们的内容决策。国际健康科技公司Cerner的项目经理Lance Yoder这样解释如何激励内容天才：

> （我们的团队）非常擅长分析——它们能评估和确定变量，明确不同类型的数据，以及如何将其转换成内容。

虽然分析并不是做一项内容决策所需的全部必要条件，但它的确很有帮助。另一名研究参与者描述了有限的分析和其他数据访问是如何阻碍内容决策的：

> 如果我们能让网站分析报告反馈：谁去了哪里，多久去一次，去的原因及是否顺利，那么这些信息将对我们极有价值。很遗憾，IT部门的设置方式让网站分析非常受限，而且太过宽泛，基本没有多大用处。

如果一家公司迫使其内容团队在没有数据的条件下做决策，那么这家公司将永远不能实现内容运营的成熟发展。

努力创新

成熟的公司会不断努力实施更大规模的实验——换言之，它们会研究并考虑加大对内容的投入。例如，一名匿名研究参与者描述了观察力敏锐的公司如何突破创新内容：

> 当我参观贸易展览的时候，很难不对一些组织和它们的成果即那些新的创新项目垂涎三尺。从它们目前的举动中不难发现，这些组织是切切实实地在内容上进行了投资。它们全身心投入并了解内容的价值，你可以从它们正在尝试的创新项目数量上看到这一点，即便是其中一些创新项目失败了。我认为，只要理解程度或投资水平到了，公司就能走得更远。

正如我在第9章中提到的，奈飞和MailChimp通过探索创新方式取得了成功，你也一样可以取得成功。

建立优秀内容中心

你不一定非要称它为优秀内容中心——我还见过有称它为“知识全书”或“超级内容中心”的。无论你怎么称呼它，你都需要有这样一个地方来实现以下目的：

- 吸取关于内容的重要经验教训，避免不必要的重复测试或分析。
- 总结外界关于内容的新研究，帮助团队节省研究时间，并激发优化或创新内容的想法。
- 明确最佳实践，帮助你的公司保持较高的内容标准。
- 寻找培训资源，以支持与利益相关者之间进行的会谈或简报。

你可以用一种适合于你的公司或团队的方式来做这件事。从维基百科到内部门户网站，再到一系列的谷歌文件，我是从它们那里学习的。

自动化

内容运营成熟的公司把自动化视作让流程更加高效并可扩展的关键因素。戴尔EMC的Noel McDonagh很好地诠释了自动扩展内容运营的重要性：

> 人工智能和机器学习是我们应对内容需求呈指数级增长这一事实的唯一出路。我们必须自动生成内容的某些部分。

此类公司具有以下特征：

- 实现内容工作流的自动化，包括内容如何从草案变成最终发布状态。
- 当测试不同版本内容的影响力或业绩时，探索内容优化的自动化，例如多变量测试。
- 建立内容模型以支持个性化和多渠道交付，例如定义内容构成和内容类型。
- 尝试通过人工智能和机器学习来做从加速内容优化到实际创建内容的一切事情。

关于内容自动化，我喜欢它的一个原因是，大大小小的成功公司都能从中受益。虽然它们的规模可能不同，但它们同样需要响应客户对内容的强烈需求，而且合适的技术适用任何规模的公司。附录C“参考资源”给出了示例。

人

尽管自动化可以为成熟的内容运营处理一系列内容任务，但自动化并不能替代人。请思考以下成功的因素。

培育文化体系

文化是内容运营领域经常被忽视但又是非常强大的关联因素。积极的文化形成了一定程度的信任，能够减少制定迂腐规则和实施过度检查的必要性。文化还能让治理更加顺畅。我发现那些已经拥有强大的进步文化的公司更容易创造出正确的内容文化。但是即使你的公司缺乏文化底蕴，你也能创建出一套系统来为内容运营培育强大的文化。

允许失败（但应吸取教训）

规划、制作和交付有效的内容都离不开人的全身心投入。在通常情况下，这种全身心投入是能起到作用的，但也有例外。我们不应指责人的失败，而应鼓励他们保持好奇心并努力去解决问题。这种做法可以培养高度的信任，它对你的成功至关重要。Ann Marie Gray曾在晨星财务公司负责内容营销工作多年，目前担任美国思爱普公司内容副总裁一职，她这样说：

> 严格审查我们的工作，但必须保留一个“安全空间”，这很重要。内容团队的成员需要信任他们的同事，并分享各自的工作及真实的反馈。领导者需要营造并维护一种良好的环境，通过建立一种彼此尊重的、友善的期望来实现这一点。

正如我所提到的，激励内容天才进一步强化了这一观点：我们的学习应当来自内容工作，而非苛刻的评判。

不要聘用一名当红明星；聘用明星团队

如果你的内容运营依赖于某一位内容领域的“当红明星”，那么你就无法保证内容运营的可持续性或可扩展性。因为明星有过气的那一天。相反，你应当汇集一支明星团队，一起使你的内容运营发光发亮。在“哪些因素能让内容团队蓬勃发展”的研究中，我们调查了内容领导者在招聘新团队成员时所看重的素质。排名靠前的答案包括：

- 高绩效。
- 好奇心。
- 系统化思考。
- 考虑周到。
- 胜任某个内容技能或角色。

我发现内容领导者Tracy V. Wilson向我分享的两点洞见非常有用，她来自获得巨大成功的HowStuffWorks，她说道：

> 在招聘时，我想要的是那些特别优秀的人——不管他们在寻求什么职位，他们总能表现得非常出色。

Aaron Burgess，来自极具潜力的HomeAway公司，解释了素质组合如何指导内容运营：

> 团队成员必须拥有一些无形的素质：好奇心、韧性、系统思考和设计思考。他们在思考一个复杂的问题时，会把它分解成简单的要素，通过信息综合及对大量用户数据和产品要求的理解，以及不断地提出疑问，最后找到处理问题的更好方式。

如果你的内容团队目前只有一名成员，你也仍然可以通过会议、培训和在线交流等方式与其他明星团队取得联系，从而帮助你的内容工作大放异彩。

聘用新角色

到目前为止，希望你已经清楚了一个事实，那就是聘用一名作者/编辑（或者几十名作者/编辑）可能也无法给你提供你所需要的能力。请考虑聘用能够承担多种内容角色的人员，具体包括表11.1 所列的五种新角色。

一家中小型公司可能需要一人身兼多个角色，例如兼任内容策略师和内容分析师。而一家大型公司通常需要将这些角色区别开来，所以它们对这些角色的需求也正在增加。在本书撰写之时，像Indeed这样的招聘网站上的每一种角色都有数百个全职岗位是空缺的。

表 11.1：新兴内容角色

角色	描述
内容策略师	识别关键的内容机会，实施高层规划
内容分析师	建立或完善内容智能化系统，进行分析或评估
内容工程师	建立内容和架构规则，以实现动态、自动化的内容交付和管理
内容设计师	为特定体验规划和制定内容，尤其是动态体验和对话界面
内容营销人员	规划和协调以营销为目的的编辑与制作

培训、培训、再培训

如果团队已经有作者/编辑或其他与内容相关的专业人士，你可能需要对他们进行新角色或多重角色的培训。我们的一项研究发现，内容运营成熟的公司会为内容团队提供针对内容的培训机会。仅仅提供培训机会就能强化其他的成功因素，因为它传达了一种信息，即该公司重视内容，乐于尝试且支持好奇心。为了充分利用实验和自动化技术，现代内容角色需要具备技术领悟力，而技术领悟力是需要培训的。MailChimp产品内容经理Erin Crews阐述如下：

> 我们先确立内容团队的使命，明确每一名贡献者和管理者的角色定位及职业道路。尽早为内容角色设定清晰的预期，这有助于我们发现团队的技能缺口，从而通过培训或其他资源来填补这些缺口。我们借鉴了各种内部研讨会，以及会议和研讨会相结合的形式，并从设计团队的评审过程中吸取了经验。

> 我创办内容科学学院的一个原因就是，借助便利的在线形式提供划算的具体内容培训。许多内容科技公司都在合理的成本基础上建立了自己的培训资源。附录C“参考资源”给出了示例。

思考内容运营路线图

到目前为止，你应当了解了你的公司在内容成熟度方面处于哪个层级，以及如何才能让公司提升到下一层级。你是否感到不知所措？是否不确定从哪里开始？创建一幅内容运营路线图可以帮助你解决问题。你可以仔细思考以下问题：

- 我能立刻做出哪些改变？

- 哪些改变在短期内是可行的?
- 哪些改变需要进行长期努力和规划?
- 我需要什么样的支持? 需要哪些高管和利益相关者的支持?

这种路线图可以采用多种形式。我喜欢用一种可视化的形式来支持演示和讨论，如图11.2所示。当你想完善计划时，可以通过电子表格或其他文档来增加详细信息，以便补充这种视觉效果。

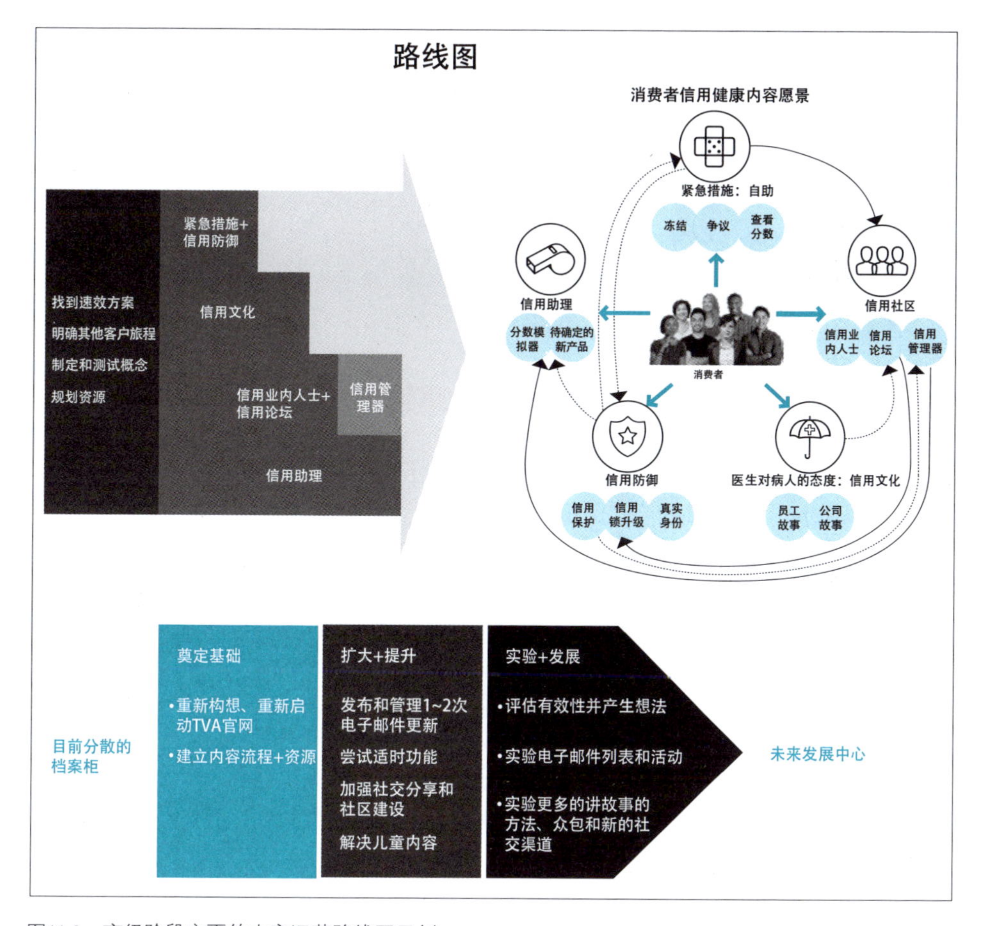

图11.2：高级阶段变更的内容运营路线图示例

祝贺你！当你实现了本书介绍的这一步时，你已经仔细思考了内容从构想到实施的每一个环节。在总结之前，请你考虑内容的另外一个方面：未来。

预见：
内容的未来

居安思危，未雨绸缪。

12 机器人、关系与责任

内容的未来绝不无聊。

我们无法控制或者弄清系统。但可以与之共舞！

——Donella H. Meadows，《关于系统的思考》

好吧，如果机器人能思考，那么我们人类就没什么用了，不是吗？

——Obi-Wan Kenobi

在本书的开始，我们就明确了一点，随着企业经历数字化转型，未来数字化转型只会不断加速，最终内容将决定企业的成败。因此，我们不难预测，内容的重要性将日益凸显。除此之外，内容的未来是怎样的呢？在你考虑如何利用内容为企业带来优势的时候，我认为未来的内容可以归结为三个方面——小规模、系统化和有灵魂。

内容的未来在中小型企业身上

虽然我曾为许多大型公司工作过，但我越来越坚信，内容的未来取决于中小型企业，原因有两点：变动投入与技术接入。

变动投入

中小型企业往往不受传统思维的束缚，需要改变的官僚程序、过时的角色和陈旧的工作方式也比较少，因此它们无须把大量的时间和资源投入庞大的变动管理中。中小型企业可以随着时间的推移而不断实施小的变动，或者只需在开始时就确立正确的愿景、策略和经营方式，然后根据需要进行优化。

举例来说，我曾有幸与美国规模最大、历史最久、最负盛名的非营利组织中的一家共事。该企业深受刻板思维的困扰，这种思维模式影响了它在正确的时间通过网络等触点交付正确内容的能力。不等到思想刻板的总裁退休，组织就意识不到它们可以自由地更新其内容处理方法。这项工作一旦启动，就要花费好几年的时间。在知名的企业里，也存在着各种阻碍变革的障碍。不难发现，中小型企业在接受和执行现代化内容方法的过程中更具有灵活性优势。

技术接入

对于中小型企业来说，可用的技术正在显著改善，我预测这种改善将会进一步加速。为什么会这样呢？一个原因是，世界上的中小型企业比大型企业多太多了，市场巨大无比，而且随着越来越多的人开始从事副业或投身于零工经济，市场将会变得更大。还有一个原因是什么呢？向企业出售新的技术方案，基本上与说服Darth Vader（“天行者”扮演者）脱离原力的黑暗面一样“容易”。随着越来越多的部门参与到决策过程中，销售进程通常会更加缓慢，并且还会变得越来越复杂。比如，支持营销自动化的技术不仅涉及采购和信息化技术，而且还涉及营销部门。因此，科技公司正在研究如何为中小型企业提供更加成熟的解决方案，并从快速销售和大量的客户中盈利。现在中小型企业能够非常经济地获得优质且重要的内容技术，例如电子邮件和营销自动化、客户关系管理、内容管理、分析和数字资产管理，并且可以获得与企业解决方案一样好或更好的特性。我认为这种趋势在短时间内不会停止（有关这种技术的示例，参见附录C）。

我还认为，中小型企业会更有利于展示有灵魂的内容，这一点将在后面的内容中介绍。现在我重申：内容的未来将得到敏捷性回报。那么，内容的未来还能回报什么呢？系统化思考。

内容的未来在于系统化

当你在杂货店或超市购买鸡肉、蔬菜甚至冷冻玉米饼（真是罪过啊）的时候，你绝不是简单地将购物车装满。你参与了一套复杂的食品系统。不妨想一想关于耕作、配送、营销以及购买食品所需环节涉及的所有人、工艺和技术。同样地，当你的客户在你的网站上观看视频时，他们也是在消费一套复杂的内容系统的成果。再想一想关于规划、制作和交付一段有效视频背后的人、工艺和技术。把制作内容视为一套系统（或者更准确地说，是一些相互依存的系统）的公司必将为未来做好了准备。虽然我不能确定未来的一切，但我确定世界上并没有具备魔法的内容仙女。

我所说的系统究竟是指什么呢？我更倾向于Donella Meadows的灵活定义：

> 系统是指一组要素——人、细胞、分子或其他，随着时间的推移，它们会产生自己的行为模式，并以这种方式相互连接起来。

本书描述了一组内容“要素”，你现在就可以将它们连接起来，并随着时间的推移让你的公司形成一套行为模式。你的内容愿景和策略描述了你想要的行为。你的运营可能连接了以下系统：

- 内容供应链。

- 内容智能化。
- 内容交付。
- 业务竞争力（设计等）。
- 业务功能（营销、支持等）。

图12.1展示了在一个可视化企业中许多系统之间的高层连接的示例。这种系统视图有助于预测或修正存在的问题，以便响应新的需求。在该企业的例子中，绘制系统图有助于相关团队识别和传达各种变化，例如，在规划阶段提早纳入内容，以及开启对必要数据的访问权限。

未来这些系统的最大变化是什么？是机器将逐渐承担过去由人类来扮演的角色。越来越多的内容技术将能撰写文本（也称之为自然语言生成），从网站到聊天机器人，在触点实现个性化的内容交付，并把这些功能融入全自动内容优化中。在图12.2中，一旦你拥有正确的客户数据、内容智能化和内容管理系统，我为你总结了如何才能立刻运行的方法（更多详情见附录C）。

很多公司已经有能力让这个未来立刻实现，但是为什么没有更多的公司效仿呢？因为它们没有合适的人来教机器学习的相关内容。很多公司需要员工身兼多职，尤其是第11章中讨论的内容分析师、内容策略师和内容设计师。图12.3详细介绍了我向一家致力于更好利用内容技术的企业所推荐的角色转换。对你而言，角色的平衡可能有所不同。但关键是如果你向内容系统添加不同的机器，那么就要做好调整你的内容系统中员工工作方式的准备。

我只是对这些机器的能力略知一二，但我从不怀疑，在未来，技术将能为内容做更多的事情。不管这些能力是什么，将内容视为系统的公司将能更好地适应机器能力，并转换员工的角色以充分利用这些能力。

内容的未来离不开系统，而机器将在这些系统中扮演至关重要的作用。但是，我们也不能忽略内容人性化的一面。

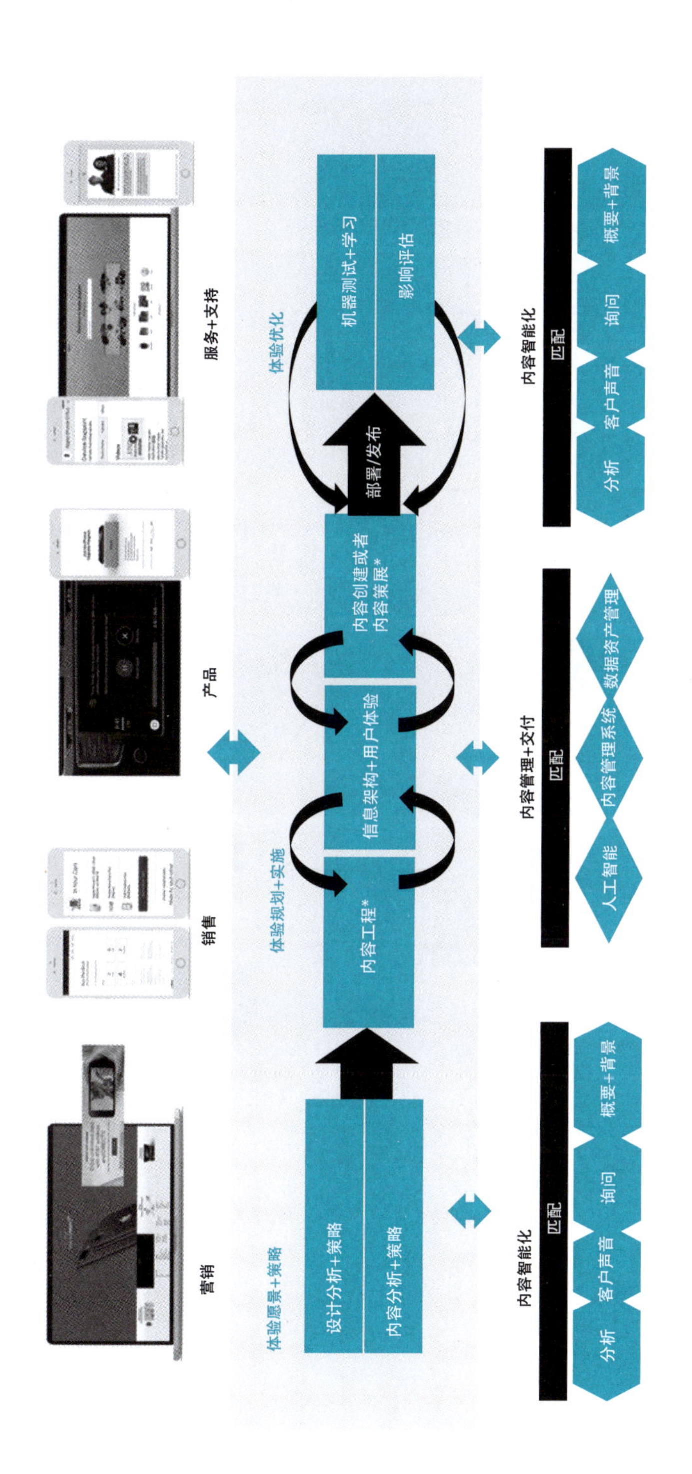

图12.1：大型企业的内容系统视图

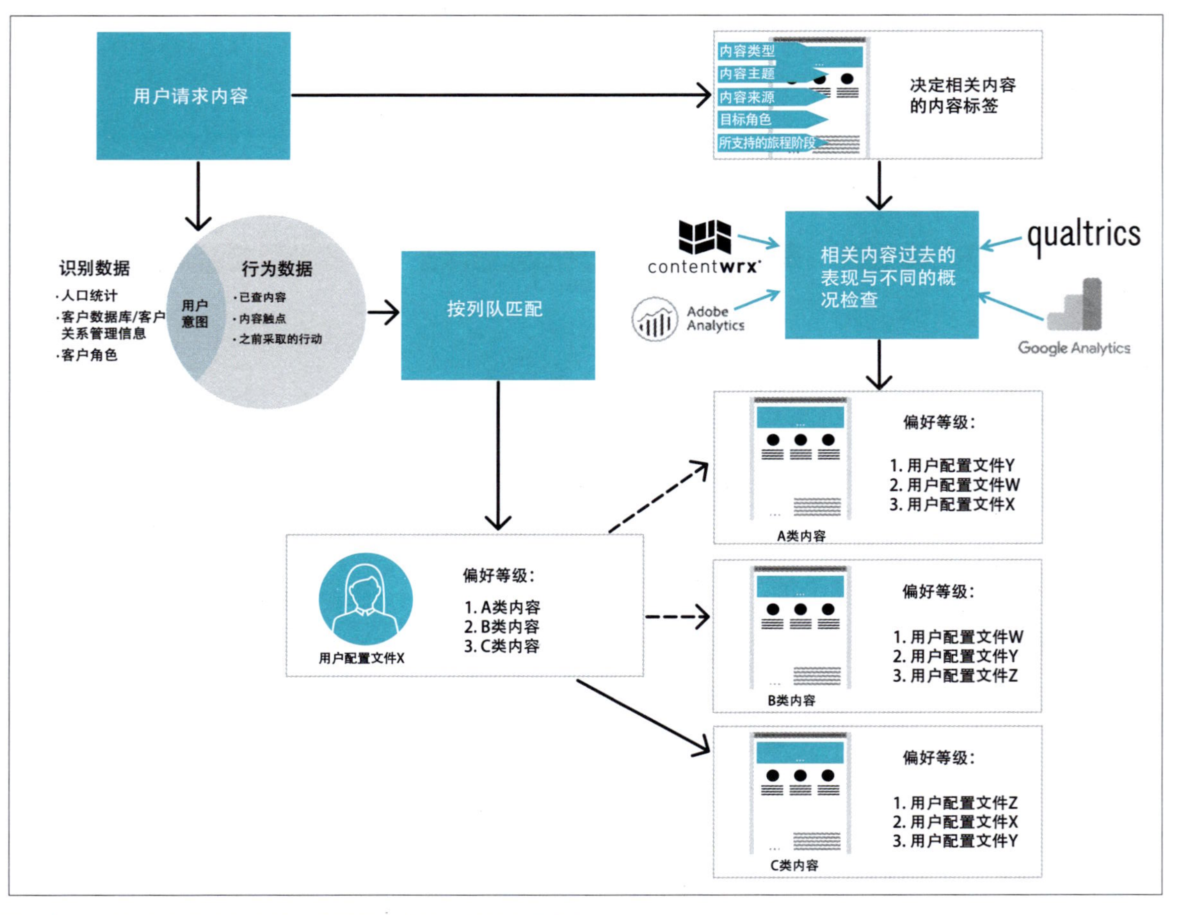

图12.2：内容智能化和机器学习如何实现内容交付和优化自动化

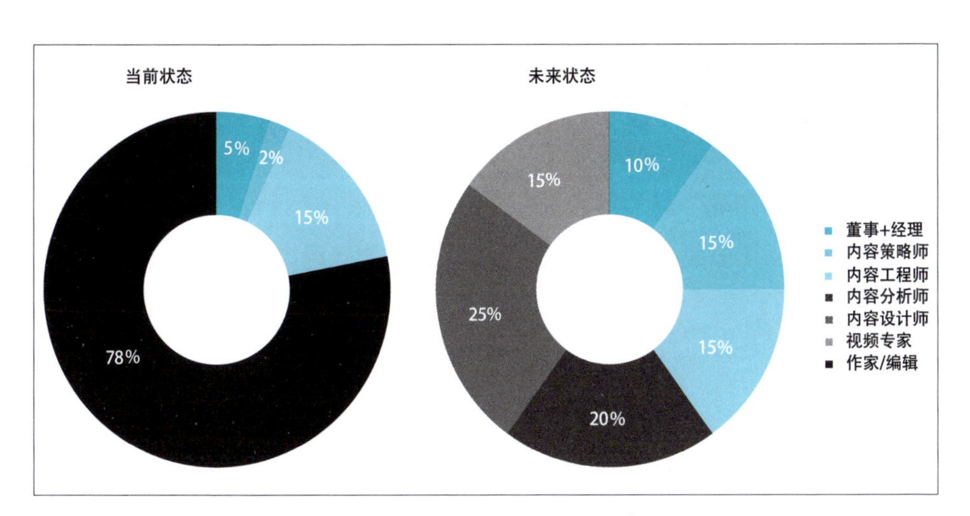

图12.3：角色转变的示例

内容的未来在于有灵魂

在内容科学团队开发的ContentWRX软件中，一个最令我震惊的发现是人们对更丰富的内容的需求。互联网并不缺乏内容。但这些内容往往过于简单或肤浅，因此无法满足人们的需求。此外，越来越多的证据表明，"Z世代①"已经厌倦了互联网。最后我们会发现，相同的文化基因或者一次又一次地谈论同样的话题，并不能让这一代人在与内容的不断联系中成长起来。

这种缺乏深度和闪光点的做法，对那些敢于敞开心扉、倾听客户心声的公司来说，是一个巨大的机遇。我相信，由于中小型企业与客户之间有着密切的联系，它们正处于最具优势的位置上。

与责任感的连接

中小型企业的创始人通常仍然参与公司事务，于是他们会不断提醒人们公司成立的原因。Bain & Company战略顾问Chris Zook和James Allen将其称之为"创始人心态"，并在同名著作中提到，创始人参与事务的公司所做出的业绩是其他公司的

① Z世代是美国及欧洲的流行用语，指在1995年至2009年间出生的人。——译者注

3.1倍。Zook与Allen有力地论证了大部分身处困境的公司所遭遇的问题，主要以嘉信理财等大型公司为例，问题可以追溯到与创始人的心态失去联系上。这种心态才是一家公司真正的目标和责任，或者说是公司创办的“初衷”。就嘉信理财而言，这个“初衷”是为那些规模较小但具有能力的投资者提供一种经纪业务，让他们在以往由大型投资者主导的投资世界里开辟出新天地。

我发现这种心态对于有效地塑造和维护一个愿景、声音、主题、话题等其他内容来说是无价的。例如，本书第一版中介绍的Method公司，它的业务范围从清洁产品扩大到各种家居产品。然而，创始人的思想和意见始终贯穿在公司内容之中，从网站到博客，再到产品包装，创始人“打败所有污渍”的初衷无疑是清晰且强烈的。

Zook与Allen指出，随着公司的发展壮大，在Charles Schwab离开后，嘉信理财迷失了方向，但在他回来之后公司又重新取得了成功。两位作者还介绍了大型公司在创始人离开后衡量创始人心态的方法。这肯定比什么都不做要好。但如此一来，企业需要管理的是更多的变化，而我们知道许多企业对变化的管理程度（见“内容的未来在中小型企业身上”一节）。在我看来，“众多企业丢失了责任感连接”这一洞见，实际上凸显了中小型企业的另一巨大优势。

与客户的连接

中小型企业通常比大型企业更加贴近客户，因此它们能够更加高效、准确地评估客户在整个过程中的需求，并评估内容的影响力。大型企业的高管与直接接触客户的员工之间有着层层阻隔，这使得客户的反馈更容易被忽视，导致那些确实希望得到反馈的高管更难及时采取行动获得反馈。此外，大型企业通常设有不同的部门，这影响着客户旅程的不同阶段，从营销到销售，从产品再到支持。于是内部政治自然变得尤为复杂。举一个简单例子，我工作过的某企业集团B2B解决方案主管坚持要求内容团队使用某个特定用词，尽管有证据表明这个词会令B2B客户感到困惑。他拒绝听取客户反馈，也不信任内容团队的专业能力，他宁愿一意孤行。你可以想象，在决定一个用词的过程中，电话和电子邮件的线程耗费了大量的时间，同时让人感到失去了动力，令人无比沮丧。对于企业而言，做出完整句子、段落、视频、图形和满足客户需求的其他内容的决策该有多么困难。

通过与客户保持密切的联系，中小型企业能更好地提供有灵魂的内容。有灵魂的内容不仅可以在企业内部政治斗争中得以幸存，正如我们在第6章和第7章所探讨的，而且它也具备有效性和影响力。通过引入细微差别、分享不同观点，或者探索一段体验的不同侧面，有灵魂的内容总能保持新鲜活力。比如，REI扩展了培训内容，通过既有教育性又有娱乐性的纪录片来介绍如何做好远足的准备。这些纪录片通过新的视角探索REI与其客户共有的价值观，例如环境保护、户外冒险和男女平等。再比如，纪录片《伸手可及》介绍了女性在登山领域为了赢得尊重所遭遇的各种困难。REI的纪录片让我想起了ESPN推出的关于介绍传统体育运动的纪录片《30年30大传奇》，或者红牛公司拍摄的关于极限运动的电影，它们的不同之处在于REI纪录片的焦点和视角都是针对REI的客户而精心设计的。无论你是否爱好登山，只要与REI具有相同的价值观，你就会发现《伸手可及》是那样的扣人心弦，因为它不仅具有教育意义，更能鼓舞人心。

在未来，能够蓬勃发展的公司将会通过深化它们的责任感，以及与客户之间的连接来提供有灵魂的内容，这种连接很可能成为中小型企业的另一优势。

内容的未来对我们意味着什么

内容的未来是小规模、系统化和有灵魂。我对这个未来深信不疑，所以决定对它下个大赌注。在撰写本书的过程中，我接受了MailChimp优秀团队的慷慨邀请，担任它们的内容负责人。备受推崇的商业杂志*Inc.*推选这家电子邮件和营销自动化公司为2017年年度最佳公司。虽然收益增长达5.25亿美元，但是MailChimp却是一家中规中矩的中型公司。我对该公司精心塑造的文化和对内容的热情印象深刻。此外，MailChimp的客户都是小型企业，它们渴望通过电子邮件和营销取得成功。这就需要内容。我热衷于让内容不仅成为MailChimp的优势，而且也期望它能够成为无数满腔热情的小型企业客户的优势。我自己作为小型企业主，对如何创立和发展一家企业有着极大的同理心。对于能够一边负责ContentWRX、内容科学学院和

《内容科学评论》，一边担任这一职务，我心怀感激。

现在，让我们回到你的公司所面临的十字路口。我要为你致力于内容工作的决定而鼓掌。衷心希望内容成功科学能影响到你的决策，更希望当你做出第一个决策时，你已经成为一个崭露头角的内容天才。你可以选择无视内容，然后寄希望在数字化转型中得以幸存；也可以选择把内容这一块做好，使公司努力成长。当你让你的内容对客户和公司本身都产生影响时，你就让内容成为自己的一项优势。

附录A 更具影响力的内容原则

本附录总结了与有影响力的内容有关的更多原则，并给出了示例技巧。

不令人生厌或不被传播的重复

古希腊人发明了创新性的方法来重复想法。为什么要这么辛苦呢？那些体育解说员知道，重复可以有助于人们记忆，但也有可能让他们厌烦。如今，当我们一次又一次地用推特、电子邮件和广告投放一条信息时，用户可以将我们拒之千里。所以，让我们来仔细看看重复的意义。

具有魔力的“3”

当人们需要表达一个观点时，3次就足够了。从语言交流到电视广告，世界各地的研究都把“3”当作一个神奇的数字。网络内容面临的一个挑战是，我们无法精准控制每个用户看到或听到我们想要传达的信息的次数。但是，我们可以控制的是我们发布同一个信息的频率及更改信息的频率，以及我们如何通过网络内容将信息带入生活，避免对用户进行信息轰炸。

对内容进行重复

在网络内容和一些现代媒体的帮助下，我们有能力明智地规划我们的重复。

编辑日历

编辑日历是一种从新闻行业借鉴来的工具，用于规划随时间推移的内容。其形式通常是一个电子表单或表格，它的确切形式与计划没有太大关系。当你决定了具体的发布内容及发布时间时，你更有可能适当地重复消息、话题和主题。

有关具有编辑日历启发功能的工具，请参阅附录C。

钩子

在新闻俚语中，钩子指的是为什么内容在特定时间内具备相关性。钩子可以帮助你为你的信息、主题或话题注入新的活力。这里有一些例子，包括将内容绑定到：

- 季节。
- 周年纪念。
- 认可，例如成为第一名、最多的或最好的。
- 当前事件或行业趋势。

扩大

扩大指的是放大或加强你的观点的所有方法，而不是像机器人那样重复它。例如，在电视节目《北国风云》中，富有诗意的音乐主持人Chris Stevens用“扩大”来诠释光的意义：

> 歌德的最后一句话：“更多的光。”自从我们从原始的污泥中爬出来，那就是我们的统一呼喊：“更多的光。”阳光、火炬、蜡烛、霓虹灯、白炽灯。光驱除了我们洞穴里的黑暗，照亮了我们的道路，照亮了我们的冰箱内部，也照亮了士兵场上的夜间活动。就像我们躲在被窝里，打着小小的手电筒偷偷读小说一样，那一点光是无法用瓦特或英尺烛光来度量的。光是一种隐喻。

传统的修辞学家反复强调这个观点。如今，我们可以通过多种方式在网络内容上强化一个想法。

内容的格式和类型

我们可以通过照片、播客、视频和文章等组合来表达观点。例如，HowStuffWorks提供了几种体验鲨鱼危险的方法，特别是在《鲨鱼周》节目里。

回声

回声是指其他人共享或重述你的消息和内容的一种社交网络现象。当发生这种情况时，你不需要经常自己陈述（这种情况的一个极端版本是“病毒性传播”）。一个典型的例子是，2017年MailChimp在社交媒体上宣布了它对仇恨言论的立场。粉丝们分享了这一消息，并重复了其中的关键点。

三种非常明显的词汇重复方法

古希腊人有各种各样的词汇重复方法，了解以下这三个重点：

1. 首语重复。在每个从句的开头重复使用同一个单词或短语，例如：内容吸引人们。内容激励人们。内容指导人们。

2. 反平衡。以不同或相反的意义重复一个词，例如，不要满足于你乏善可陈的满足。

3. 拆解。重复的单词或短语，被一个或多个介入词分解，例如：内容，内容，内容——我们从哪里获得内容？

适当的时机

时间，一个如此复杂的概念，以至于古希腊人无法使用一个词而要用两个词来表达。“Chronos”表示时间顺序，例如，早晨、中午和晚上。“Kairos”表示适当的时机，是指在正确的时间以正确的方式进行的表达。①我认为这是要求人们改变观点或采取行动的理想时机，关键是问人们什么时候准备好了。

① Chronos与Kairos俩兄弟都是古希腊神话中的时间之神。——译者注

不要要求太多、太快或太频繁

古代的修辞学家认为，时机是特殊的，并非每天都会出现。当我们试图迅速向用户索取个人信息时，或者当我们用电子邮件、提醒和推特轰炸他们时，这一点值得记住。

简单且清晰的问询

如果人们不确定你想要什么，他们就不会回答你的问题。

同样地，在聊天机器人和语音命令界面上，你必须能让客户轻松提问或发出命令。

及时、适当地应对危机

飓风来袭，首席执行官辞职，一个破坏性的视频像病毒一样在网上疯传。有时候，适当的时机会因为一个令人震惊的事件发生而出现。所以宜早不宜迟，尽早传递真实可信的内容，这样人们就不会惊慌失措或散布谣言。

在其他时候，出于个人危机或客户经历等原因，会出现合适的时机。例如，金融服务、信用监控和医疗行业的公司经常会对发生诸如身份被盗用和患有疾病等紧急情况的客户做出反应。许多这样的公司对处于危机中的客户缺乏同情心，也错过了向客户提供帮助的机会。因此，妥善处理这种情况是你的公司能够脱颖而出的一个机会。在这种情况下，你的表达必须比平时更简单和清楚。这是为什么呢？客户在压力下的情绪劫持了他们的大脑，认知负荷使得他们对简单的指令和任务的理解都变得更加困难。

你也必须避免以上情况的出现。正如我在前面的章节中提到的，我见过不止一家信用监控公司坚持向身份被盗用的客户推销产品，而不是先去帮助他们从而获得以后再进行销售的机会。难怪有那么多人讨厌这些公司。

在合适的时机使用内容

网络上我们的内容可以通过多种方式抓住“Kairos”。

广告

第1章讲述了广告是如何惹恼人们的，但当广告与网站的主题和用户更相关时，该怎么办呢？例如，《国家地理》杂志的读者通常关心环境。该杂志上的一则IBM广告就传递了关于“建设一个更智慧的星球”的信息。

然而，对相关性的追求可能会让很多公司出现本意偏离的情况，特别是在搜索引擎和社交媒体网站上，很多公司为了使广告更具相关性和影响力，出于这样的压力，它们往往会触犯隐私。我预计这种紧张局势将会继续下去，并且反对侵入性广告的势头将占据上风。广告可以是影响客户的一种有效方式，但它不应该是唯一的方式。

与商品相关的产品或内容

当客户对某个主题、产品或服务表现出强烈的兴趣时，你就有机会向这些客户展示更多能引起他们兴趣的内容。当然，亚马逊已经掌握了如何对相关产品进行交叉销售、追加销售或重复销售的技术。同样的想法也适用于内容。《哈佛商业评论》、奈飞和红牛都让发现相关内容变得很容易。永远不要让感兴趣的客户走进死胡同。

行动号召

清晰、简洁、真诚——构成了好的行动号召。行动号召在客户体验的每个阶段都有帮助，从鼓励销售到留住一个想要离开的客户，再到加深用户对产品的参与程度。作为一个FitBit系统的狂热用户，我发现自己会响应手表、移动应用和网站上的行动号召。这些行动号召包括 “这个小时你还剩124步！动起来！”和“你休息好了吗？还觉得有点困？查看一下你的睡眠统计数据吧。”

聊天和语音命令

聊天机器人遍地皆是，仅在脸书上就有10万个。语音界面如家庭助理Alexa、Home和Homepod等的销量在持续增长。可以考虑你的公司是否需要开发或加入这些触点，在这些触点上，客户可以提出问题并进行语音命令控制。例如，如果你在亚马逊发布了一款产品，而你的客户不能轻松地要求Alexa将其添加到他们的购物清单中，那么你就有麻烦了。在这些触点上，为合适的时机做好准备，意味着预测客户在上下文中可能会提出的问题和使用的词语。我们在第4章中讨论过的所有分析都将有所帮助。

微观指导

有时候，帮助人们行动不仅仅需要的是一个标签明确的按钮。在这种情况下，与上下文相关的说明或帮助就可以派上用场了。TurboTax、Capital One和23andMe都在其网络和移动体验中提供了出色的示例。

令我印象尤其深刻的是，23andMe在整个体验过程中提供了明确的指导。从网站注册，到使用该软件包提供DNA样本，再到访问移动应用上的结果，这个过程是非常精确的，尽管结果很复杂，但微观指导用拟人化的语调提供了清晰、肯定的指引。此外，还有额外链接补充了上下文的指示和信息，为好奇的客户提供了更多细节，这些细节简明扼要，但清楚地提供了更多的解释。例如，当我寻找我的尼安德特人DNA的更多信息时，我发现它从某种程度上解释了我为何有一个高额头及其他身体特征。

危机应对

当危机来临时，你应该如何做出恰当的应对？通过对危机情况的规划。你不可能为确切的危机做好准备，但你可以为可能出现的危机制订一个计划，并尝试回答以下这些问题：

- 我们将在哪里发布回复？
- 应该由谁撰写和批准回复？
- 如果我们需要更多人来帮助我们监控和回答社交网络上的问题，我们将如何得到这些人？
- 什么是好的应对？
- 哪种类型的回复方式适合我们的用户和品牌？

疾病控制与预防中心对不同的危机采取了不同的应对方式——鸡蛋中的沙门氏菌爆发。一份严肃的每日概要一目了然地解释了疫情的最新状况，以及人们应该做些什么。

附录 B 来自内容天才的洞见

本附录重点介绍了来自世界各地的内容天才的洞见，他们或曾为《内容科学评论》做出过贡献，或参与过内容科学研究，或对本书的内容给出过建议。

内容智能化

分析创建了一个反馈循环，使作者和出版商能够与他们的读者产生共鸣，它不仅能让他们深入了解内容，而且还可以让他们洞察到受众所期望的风格、语言、声音，甚至创作频率。

——Alan Segal，美国有线电视新闻网（CNN）分析与受众发展副总裁

页面浏览量是一个波动的数字，它取决于很多不同的因素。我认为，人们过于在乎一个任意页面的浏览量或一个任意回访次数，其实这些数字必须与某些事情联系起来才有意义，比如你能从中获得多少收入。

——Tracy Wilson，HowStuff Works官网编辑总监

在一个客户体验决定一切的世界里，创造正确的内容是一项高价值的活动。并且只有通过数据和反馈来做出关于投资什么内容的决策才是有意义的。

——Cathy Ewaschuk，戴尔信息设计与发展内容策略师

内容治理

从根本上说，在一个充满混乱的世界中，治理带来了秩序——每个组织都可以从中受益。

——Scott Rosenberg，Visa全球市场运营和治理高级总监

内容的引领与变革

“改变并非必须，生存从无强制。” W. Edwards Deming这句名言非常具有“达尔文”的风格。改变，适应，然后生存，抑或保持现状不变，没有中间地带。无论你领导的是何种规模的内容团队，是《财富》世界500强企业、小型企业，还是规模介于两者之间的企业，都是如此。

——Cory Bennett，AT＆T用户体验副总监

当我们感到被倾听和被欣赏时，我们会更开放地接受周围的其他想法。内容策略在我们银行的内容团队中呈爆炸式增长，这是因为我提前做好了铺垫工作。

——Michaela Hackner，晨星财务公司UX内容策略主管

内容运营和流程

在大型组织中，当你开始从客户旅程和生态系统的角度查看内容时，你将立即面临技术、人员、流程和文化的孤岛。打破这些孤岛对于通过内容去定义真实的端到端的客户体验是至关重要的。

——Marie Girard，IBM内容策略师

如果你想让整个团队都能使用一个设计系统，那么在一个能够周到地指导团队工作的系统中，难道内容不应该是它的一个组成部分吗?

——Michael Haggerty-Villa，Intuit首席内容设计师和策略师

内容策略

利益相关者过去常说:“这就是我们想要告诉人们的。”但是如果内容无法满足受众的需要，那么他们是无法找到它的。

——Melinda Baker，美国癌症协会网络营销总监

如果你的缺乏策略的数字化体验、内容或一个产品都带有同样的名字标签，这个标签应该是什么?是否你的组织中的每个人都会在上面写同样的名字?你的用户呢?如果没有，抓住机会去澄清。

——Laura Jarrell，CFA研究院内容策略师

如果一篇内容发布在互联网上却没有人阅读，它会发出声音吗?是的。当然这个声音就是你的CEO在质问:这个内容团队到底在干什么?

——Margaret Magnarelli，Monster官网市场营销副总裁

内容系统

内容应该是为了达到某种目的而创建的，而不是为了闲置。这样一来，内容可以在品牌、酒店和渠道中轻松地转换，无论选择何种渠道，内容都能为客户提供一致的体验。

——David Henderson，希尔顿内容运营和本地化总监

附录 C　参考资源

附录列出了本书提到的参考资源，以及其他能让你的内容更具优势的资源，包括由内容科学、MailChimp，以及其他我信任的公司和组织提供的资源。

技术+工具

考虑这些用于规划、创建、交付和评估你的内容的技术和工具，无论你是中小型企业还是大型企业，这些工具都是适用的。技术和工具的前景确实在变化，所以请基于这些变化来做你的研究，以确保你会考虑纳入最新的选择。

内容管理+发布

工具/技术	描述	中小型企业	大型企业
Drupal	Drupal是一个开源内容管理平台，可为数百万个网站和应用程序提供支持	×	×
Sitecore Web Experience Manager	Sitecore Web Experience Manager CMS是一个为超过32,000个网站提供支持的综合平台		×
Adobe Experience Manager	Adobe Experience Manager可以帮助你创建、管理和优化数字客户体验的所有频道，包括网络、移动应用、数字形式和社区		×
Acquia	Acquia提供预先配置的和专业策划的Drupal版本，并配有一键式安装和打包解决方案	×	×
Oracle WebCenter Content	Oracle WebCenter是一个社交商务用户参与平台，将人与信息连接起来		×
IBM Web Content Manager	IBM Web Content Manager可以加速跨各类网络及移动渠道的数字化内容的开发和部署。这个综合网站管理系统允许你为不同受众创建、管理和发布内容		×
Episerver CMS	Episerver CMS允许你跨屏幕和渠道无缝式管理内容	×	×
BloomReach Hippo CMS	BloomReach利用大数据，并通过相关的用户体验来获取在线需求		×
WordPress	WordPress.org是一个简单、易用的网络软件，可以用来创建一个漂亮的网站或博客	×	×
Sitefinity	Sitefinity专注于跨设备设计，有助于确保内容体验的一致性，而不必考虑用户的技术怎么样	×	×
Contentstack	Contentstack加速并简化了跨数字渠道的内容管理，包括网络、移动和物联网（IoT）	×	×
Contentful	Contentful是一个灵活的内容平台，可以帮助编辑人员进行管理，以及帮助开发人员将内容提供给移动应用或网络应用	×	×

营销自动化

工具/技术	描述	中小型企业	大型企业
Act-On	Act-On整合营销平台，提供了从电子邮件营销到现场用户跟踪的一系列功能	×	×
Salesforce Pardot	B2B营销自动化以销售线索评分、培养、电子邮件营销等为特色		×
HubSpot	HubSpot是一款入站营销软件，专注于从出站营销（冷电话、垃圾电子邮件、贸易展览、电视广告，等等）到入站营销的转变，使其能够在客户购物和学习的自然过程中被更多潜在客户“发现”	×	×
Pega Customer Engagement Suite	Pega通过端到端自动化和实时人工智能(AI)帮助优化用户的参与度		×
Marketo	市场营销自动化软件，帮助营销和销售专业人员提高收益，并提升市场责任感	×	×
Oracle Eloqua	Oracle Eloqua使营销人员能够计划和执行自动化营销活动，同时为潜在客户提供个性化的客户体验		×
IBM Watson Campaign Automation	IBM Watson Campaign Automation是一家数字化营销技术提供商，提供统一的营销自动化、电子邮件、移动和社交功能		×
MailChimp	MailChimp可以帮助你设计和分享跨多个电子邮件和广告渠道的活动，与你已使用的服务进行集成，并跟踪你的结果	×	×

内容分析与智能

工具/技术	描述	中小型企业	大型企业
Adobe Analytics	Adobe Analytics通过将客户交互转化为可操作的洞见，帮助你创建业务的整体视图。通过直观的、交互式的仪表盘和报告，你可以识别问题和机会		×
Google Analytics	谷歌Analytics不仅可以让你衡量销售额和转化率，也可以让你深入了解访问者如何使用你的网站、他们如何到达你的网站，以及如何让他们回来	×	×
ContentWRX	ContentWRX收集内容分析和客户反馈，为你的内容提供有效性的见解	×	×
Mention	为你的品牌、行业、公司、姓名或竞争对手创建提醒，并实时获悉任何在网络及社交网络上提及的内容	×	×
Meltwater	通过超定向搜索、营销、社交媒体和记者关系来管理和测量有关数据驱动的公关程序		×
Cision	使用Cision 公关软件，吸引合适的受众，并管理传统媒体、数字媒体和社交媒体报道所带来的影响	×	×
ForeSee	ForeSee结合了CX应用的集成套件，从真正的网络用户那里传递客户意见		×
Qualtrics Research Core	Qualtrics Research Core提供在线调查		×
Medallia	Medallia的反馈管理产品以技术为基础，旨在吸引用户的注意力，提出清晰的解决方案，并激励员工采取行动		×

内容规划和创建

工具/技术	描述	中小型企业	大型企业
GatherContent	GatherContent是一个专为团队提供帮助以实现轻松组织、构建和制作内容的在线平台	×	×
NewsCred	NewsCred通过提供受众需要的、想要的和分享的内容，帮助企业提高实际收入和参与度	×	×
Percolate	Percolate提供了一个功能强大而又直观的软件平台，可以在一个地方管理所有营销活动		×
Kapost	Kapost在一个单一的平台上管理内容营销过程的每一步	×	
Contently	Contently通过管理优质内容的工作流程，帮助公司建立忠实的受众群	×	×
Hootsuite	使用Hootsuite，你可以监控关键字，管理多个推特、脸书、LinkedIn、Foursquare、Ping.fm，以及WordPress配置文件和调度消息，并评估你的成功	×	×
Zoho Social	可以调度无限制的帖子，管理社交网络，跟踪对话，并从单个仪表盘衡量绩效	×	×
Falcon.io	Falcon.io使总部的营销团队、当地营销团队或经销商，以及支持机构的营销团队共同协作，以确保在不同社交媒体平台上保持品牌形象的一致性		×
Curata	Curata为策划、规划和衡量内容影响力提供解决方案	×	×
ScribbleLive	从规划到交付业务成果，ScribbleLive是一个端到端的参与平台	×	×
Hightail	共享文件，收集反馈，并推动你的创意项目从概念到完成	×	×
Trello	Trello是一个协作工具，它将你的项目分解成若干卡片和展示板。正在做什么，谁在做，进展到什么阶段——Trello让你一目了然	×	×
Todoist	Todoist for Business通过在一个地方收集所有待办事项、依赖项和委托，帮助你和团队保持专注、高效和同步	×	×

内容优化

工具/技术	描述	中小型企业	大型企业
Lucky Orange	Lucky Orange是一个工具，它可以让你快速看到谁在现场，并以多种方式与他们互动		×
Optimizely	Unbounce可以让你在没有IT部门的情况下构建、发布和A/B测试你的登录页面	×	×
Instapage	Instapage通过提供端到端的解决方案，快速构建、集成和优化登录页面，为团队和机构提供个性化内容	×	×
VWO	VWO是一种A/B测试工具。使用最少的IT支持来调整、优化并个性化你的网站和应用	×	×
Hotjar	多功能一体化的分析和反馈	×	×
Smartlook	Smartlook是一种工具，可以记录网站上真实用户的屏幕	×	×
Crazy Egg	Crazy Egg的热图和滚动图报告展示了访问者如何与你的网站互动	×	×
Adobe Experience Manager Contentful ContentWRX MailChimp Pega Customer Engagement Suite	这些工具提供了一个内置的优化工具或功能集。请参阅之前类别中的描述		×

培训

针对一系列内容角色和主题可以提供高质量的在线和面对面培训。此外，本附录中提到的许多工具和技术都提供与内容问题相关的免费或低成本培训。

在线培训

- 内容科学学院（Content Science Academy）
- 谷歌分析学院（Google Analytics Academy）

- Lynda 官网（由 LinkedIn 所有）
- 用户界面工程是你所能学到一切的图书馆（User Interface Engineering's All You Can Learn Library）
- The W Team（Susan Weinschenk）在线课程活动

培训活动

- An Event Apart 论坛
- Confab Intensive 论坛
- 内容营销协会的内容营销大师课程（Content Marketing Master Class by Content Marketing Institute）
- 用户界面工程的 UI 会议（UI Conferences by User Interface Engineering）

图书和音频

这些图书、文章、播客等提供了一系列关于内容问题的有用见解。本附录中提到的许多工具和技术也提供有用的博客和免费指南。

分析与用户研究

- *Don't Make Me Think*，作者 Steve Krug
- *Data Science for Business*，作者 Foster Provost 和 Tom Fawcett
- *Predictive Analytics*，作者 Eric Siegel
- *Jobs to Be Done*，作者 David Farber、Jessica Wattman 和 Stephen Wunker
- *100 Things Every Designer Should Know About People*，作者 Susan Weinschenk
- 《内容科学评论》中"内容分析（Content Analysis）"和"内容智能（Content Intelligence）"专栏下的文章

内容规划与创建

- *Content Strategy Toolkit*，作者 Meghan Casey

- *Nicely Said*，作者 Nicole Fenton 和 Kate Kiefer Lee
- *Rules*，作者 Ann Handley
- *Conversation Design*，作者 Erika Hall
- *Storynomics*，作者 Robert McGee 和 Tom Gerace
- *Letting Go of the Words*，作者 Ginny Redish
- 内容营销协会（Content Marketing Institute）博客

说服与影响力

- *Pre-Suasion*，作者 Robert Cialdini
- *Influence*，作者 Robert Cialdini
- *Hooked*，作者 Nir Eyal
- *How to Get People to Do Stuff*，作者 Susan Weinschenk

文化（组织）

- *Big Potential*，作者 Shawn Achor
- *Quiet*，作者 Susan Cain
- *Leaders Eat Last*，作者 Simon Sinek
- *Start with Why*，作者 Simon Sinek

自动化与系统

- *Algorithms to Live By*，作者 Brian Christian 和 Tom Griffiths
- *Thinking in Systems: A Primer*，作者 Donella Meadows
- *The Fourth Age*，作者 Byron Reese
- *Intelligent Content*，作者 Ann Rockley
- *Thinking in Systems*，作者 Steven Schuster
- McKinsey Insights 中"Automation"专栏的文章
- *Narrative Insights* 博客

- Content Wrangler 博客、图书和在线研讨会

策略与运营

- *Playing to Win: How Strategy Really Works*，作者 A. G. Lafley 和 Roger L. Martin
- *Great by Choice*，作者 Jim Collins 和 Morten T. Hansen
- *The Founder's Mentality*，作者 Chris Zook 和 James Allen
- 《内容科学评论》中“内容策略（Content Strategy）”和“内容运营（Content Operations）”专栏的文章和报告
- McKinsey Insights 中“Strategy”专栏的文章

决策、绩效与成功

- *The Happiness Advantage*，作者 Shawn Achor
- *Before Happiness*，作者 Shawn Achor
- *Barking Up the Wrong Tree*，作者 Eric Barker
- *Smarter Faster Better*，作者 Charles Duhigg
- *Mindset*，作者 Carol Dweck
- *Grit*，作者 Angela Duckworth
- *Thinking in Bets*，作者 Annie Duke
- *Happier*（播客），作者由 Gretchen Rubin 主持
- *The Four Tendencies*，作者 Gretchen Rubin
- *The Potential Principle*，作者 Mark Sanborn